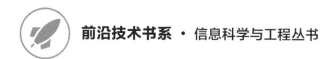

前沿技术书系 · 信息科学与工程丛书

高精度多通道偏振辐射测量技术

范慧敏 ／ 编著

U0216450

电子工业出版社·

Publishing House of Electronics Industry

北京·BEIJING

内 容 简 介

偏振遥感技术广泛应用于气象、环境、农业和城市规划。该技术通过测量光波偏振状态来提供独特信息，对精度要求极高。本书以一种特定的遥感仪器——多通道偏振辐射计为例，分析其影响精度的因素，提出定标模型，探讨提高偏振测量精度的方法。本书特别关注误差来源，提出控制未知参数误差容限的思路；设计定标测试方案，全面评估仪器关键参数。

本书适合对偏振遥感技术感兴趣的学者及相关工程师等阅读和学习。

图书在版编目（CIP）数据

高精度多通道偏振辐射测量技术 / 范慧敏编著.
北京：电子工业出版社，2025. 3. -- （前沿技术书系）.
ISBN 978-7-121-49815-2
Ⅰ．TP73
中国国家版本馆 CIP 数据核字第 20259HW909 号

责任编辑：牛平月
印　　刷：三河市龙林印务有限公司
装　　订：三河市龙林印务有限公司
出版发行：电子工业出版社
　　　　　北京市海淀区万寿路 173 信箱　　　邮编：100036
开　　本：720×1000　　1/16　　印张：12.5　　字数：192 千字
版　　次：2025 年 3 月第 1 版
印　　次：2025 年 3 月第 1 次印刷
定　　价：78.00 元

凡所购买电子工业出版社图书有缺损问题，请向购买书店调换。若书店售缺，请与本社发行部联系，联系及邮购电话：（010）88254888，88258888。
质量投诉请发邮件至 zlts@phei.com.cn，盗版侵权举报请发邮件至 dbqq@phei.com.cn。
本书咨询联系方式：：niupy@phei.com.cn。

前　言

　　在信息技术飞速发展的时代，遥感技术作为获取地球表面信息的重要手段，已经渗透到人们生活的方方面面。从气象预报到环境监测，从农业管理到城市规划，遥感技术都发挥着不可替代的作用。在众多遥感技术中，偏振遥感技术以其独特的优势成为研究者关注的焦点。

　　偏振遥感技术通过测量光的偏振状态可以获得普通遥感技术难以获得的信息。无论是大气的颗粒物分布，还是地表的植被状态，偏振遥感技术都能提供更为精确的测量结果。然而，高偏振测量精度是实现这些应用的重要保证。本书正是在这样的背景下应运而生的，旨在为偏振遥感领域的研究者提供全面、深入的指导。

　　本书的主要内容围绕偏振测量精度展开，首先介绍偏振测量的基本原理和重要性，分析影响偏振测量精度的各种因素，探讨如何通过控制这些因素来提高偏振测量精度。在此基础上，本书提出了一种基于多通道偏振辐射计特性的偏振定标模型，从偏振定标模型出发，梳理了多通道偏振辐射计的关键参数，并对如何提高多通道偏振辐射计的精度进行了深入的分析和讨论。

　　笔者特别分析了偏振测量中的误差来源。偏振测量的特殊性导致影响偏振测量精度的因素众多且相互关联。这些因素的控制难度随着其数量的增加呈现几何级数上升趋势。为了简化问题，本书提出了一种结合定标的思路，通过控制多通道偏振辐射计偏振探测矩阵中的每一个未知参数的误差容限来降低最终测量结果的误差。

此外，本书还针对短波红外探测器的暗电流稳定性和温度稳定性提出了一种基于最优时间控制的高精度探测器温控方案。通过设计基于现场可编程门阵列的温控电路单元，有效控制了探测器暗电流和噪声对多通道偏振辐射计偏振测量精度的影响。

在硬件设计方面，本书对滤光片和偏振片的核心性能进行了深入分析，通过分析滤光片带外响应和偏振片消光比差异可以忽略的量级，为滤光片和偏振片的筛选提供科学依据。这些分析不仅有助于提高多通道偏振辐射计的偏振测量精度，也为相关硬件的优化设计提供了理论支持。

本书设计并实施了一套针对多通道偏振辐射计的定标测试方案，通过实验室定标和系统测试，全面评估了多通道偏振辐射计的光谱响应度、相对透过率、非线性、非稳定性，以及多偏振通道的视场重合度、偏振片透过轴的相对偏差等关键参数。

撰写本书的初衷是满足遥感技术、光学工程、大气科学和与之相关的多个学科领域专业人士的学术需求。笔者深知，这些学科领域的研究者和学生在追求知识的道路上，需要准确、深入且具有前瞻性的信息和指导。因此，在编写本书的过程中，笔者投入了巨大的精力，力求保证内容的准确性、逻辑的严密性和表述的清晰性。

然而，笔者也清楚地认识到，任何一本专业书籍的编写都是一项极具挑战性的任务。笔者的知识和经验是有限的，书中难免存在疏漏和不足之处。因此，笔者真诚地欢迎并期待读者的批评与指正。通过读者的反馈，书中的内容可以得到修正和完善，更加贴近实际。

在阅读本书的过程中，读者如果遇到任何疑问，或者对书中的某些观点、数据、方法持有不同的看法，都可以提出宝贵的意见和建议。此外，笔者非常期待收到读者在实际应用中的经验分享和心得体会。读者的研究与实践成果不仅能丰富本书的内容，而且能为其他读者提供宝贵的意见。通过笔者与读者之间的互动，可以形成一个良性的学术讨论氛围，共同推动偏振遥感技术的发展和进步。

偏振遥感技术是一个不断发展的领域，新的理论、方法和应用层出不穷。因此，本书只是一个起点，希望通过本书引起读者的思考和探索，引导读者在偏振遥感的广阔天地中不断前行，发现新知，解决难题。

最后，笔者再次对您选择本书表示衷心的感谢。希望本书能够成为您在偏振遥感领域探索之旅中的良师益友，助您一臂之力。愿您在这一领域的研究工作中取得突破性的进展，获得令人瞩目的成就。祝您的学术旅程充满发现和创新的喜悦，愿您在科学探索的道路上越走越远。

本书部分图为彩图，请扫以下二维码查看。

目　录

第1章

绪论

1.1 引言

　　偏振测量精度是评价偏振遥感仪器（后面的多通道偏振辐射计是偏振遥感仪器中的一种）性能的关键技术指标之一。在遥感技术领域，偏振测量精度对于获取目标物体的详细信息至关重要。首先，目标偏振信号的强度通常非常微弱，可能只占光强的百分之一，甚至更小。在这种情况下，目标探测结果的可靠性几乎完全取决于偏振遥感仪器的偏振测量精度。如果偏振测量精度不高，那么即使目标偏振信号的强度不那么微弱，也无法准确探测到，这会影响整个遥感任务的完成情况。其次，偏振测量精度对于目标物理参数的精确计算和反演具有决定性作用。在大气偏振特性研究中，偏振测量精度直接影响气溶胶参数的反演精度。气溶胶是大气中悬浮的微小颗粒物，它对气候、环境和人类健康都有重要影响。如果偏振测量精度不高，那么气溶胶参数的反演结果就会存在较大的误差，这会导致对大气环境状况的评估不准确，影响相关的环境决策和气候模型的构建。同样，在太阳磁场测量中，偏振测量精度也是决定反演结果准确性的关键因素。太阳磁场对太阳活动、太阳风的影响，以及太阳对地球空间环境的影响都很大。如果偏振测量精度不足，那么太阳磁场的反演结果就会不准确，影响对太阳活动进行预测的准确性，进而影响天气预警和其他相关科学研究。

因此，提高偏振测量精度是提升偏振遥感仪器性能的重要途径，它对于确保遥感数据的可靠性、提高物理参数反演的准确性和推动相关科学领域的发展都具有重要意义。通过不断优化偏振遥感仪器设计、改进测量技术和算法，可以显著提高偏振测量精度，为遥感技术的应用和发展奠定坚实的基础。

基于偏振测量系统的时间特性，能够将偏振测量方式分为两大类。第一类是分时测量方式，这种方法通常需要在同一个偏振测量系统中引入起偏器和相位延迟器件。通过偏振面的机械旋转或者电光或磁光调制技术来调制光强，获得斯托克斯（Stokes）参数。这种方式一个典型的例子是法国的地球反射偏振（Polarization and Directionality of the Earth's Reflectance，POLDER）探测器，它通过分时测量方式来获取地球反射光的偏振特性。POLDER 探测器通过其独特的设计能够精确地测量地表反射光的偏振状态，分析地表的物理特性和生物特性。第二类是同时测量方式，它首先将入射光分为多束波长不同的光，然后通过多通道同时完成测量。这种方式能够同时获取多个偏振辐射量，避免分时测量中可能存在的时间或空间误差。这种方式一个典型的例子是美国的气溶胶偏振传感器（Aerosol Polarimeter Sensor，APS），它通过同时测量方式来研究大气气溶胶特性。APS 通过先进的多通道同时测量技术，能够同时获取大气中不同方向气溶胶的偏振信息，为大气气溶胶研究提供重要的数据支持。

本书所研究的多通道偏振辐射计使用的偏振测量方式属于后者，它是多光谱分孔径同时偏振测量系统。该系统通过一次曝光就能够获得目标的多个偏振辐射量，具有非常高的偏振测量精度。由于是同时测量，它不受目标和系统自身相互运动的影响，也不受外界环境扰动的影响，具有很好的稳定性和可靠性。该系统的设计理念和实现技术，代表了偏振遥感领域的一个重要研究方向，对于推动遥感技术的发展具有重要的意义。

此外，该系统还具有较快的测量速度，能够满足对快速运动的目标进行探测的需求。由于该系统没有运动器件，因此其稳定性和可靠性得到了显著提高。

在多通道偏振辐射计设计中，多光谱分孔径技术是其核心技术之一。该技术通过将入射光分为多束波长不同的光，同时获取目标在不同光谱下的偏振信息。多光谱分孔径技术的应用使得多通道偏振辐射计能够更加全面地分析目标的物理特性和化学特性，提高遥感数据的质量，扩大应用范围。

同时，多通道偏振辐射计的高精度测量能力使其在遥感领域具有广泛的应用前景。无论是在地表特性分析、大气气溶胶研究方面，还是在海洋光学特性探测方面，多通道偏振辐射计都能提供高质量的数据支持。其所具有的高精度、高稳定性和高可靠性特点，使其在偏振遥感领域具有重要地位。

偏振测量方式对偏振遥感仪器的性能有重要影响。分时测量方式和同时测量方式各有其特点和应用场景，通过不断优化系统设计和测量技术，可以进一步提升偏振测量的精度和效率，为遥感技术的应用和发展奠定坚实的基础。

无论是哪种类型的偏振遥感仪器，偏振测量精度始终是评估其性能的关键指标之一。这一指标不仅直接关系着偏振遥感仪器本身的功能和可靠性，而且对于后续的大气参数反演、遥感数据的应用乃至整个遥感科学领域的研究都具有深远的影响。因此，偏振测量精度研究一直是偏振遥感领域研究的重点，引起了众多科研工作者的关注。

然而，偏振测量方式具有一定的特殊性，它受到多种因素的影响，这些因素之间还存在着复杂的关系。例如，光源的稳定性、光学系统的校准精度、探测器的性能、环境的变化等都可能对偏振测量精度产生影响。影响因素的多样性和复杂性给实现高精度偏振测量带来了挑战。

为了提高多通道偏振辐射计的偏振测量精度，研究人员需要对影响偏振测量精度的各个关键因素进行深入和细致的分析，包括对光学系统的校准方法进行优化，以减小系统误差；对探测器的性能进行改进，以提高信噪比；对环境进行监测和补偿，以减少外部因素的干扰；对数据处理算法进行创新，以提高数据的准确性和可靠性。

此外，随着遥感技术的不断进步，新的测量技术和方法也在不断涌现。例如，利用先进的光学干涉技术、光谱分析技术、图像处理技术等可以进一步提高偏振测量的精度和效率。同时，通过对遥感数据进行融合和综合分析，可以更全面地理解目标的特性，提高遥感数据的应用价值。

总之，偏振测量精度是影响偏振遥感仪器性能的核心指标，对偏振遥感领域的研究具有重要意义。通过深入分析影响偏振测量精度的多种因素，不断优化测量技术和方法，可以逐步提高偏振测量的精度和可靠性，为遥感科学的发展作出贡献。这需要研究人员的持续努力和探索，也需要相关领域的技术支持和合作。

1.2　典型偏振遥感仪器的偏振定标

偏振遥感仪器作为一种精密的科学工具，在正式投入使用之前，必须经过严格的偏振定标过程。这一过程至关重要，因为它能够解决在偏振遥感仪器研制过程中可能遇到的各种问题，这些问题可能会导致偏振测量精度降低。具体来说，这些问题可能包括仪器装配和调整过程中的误差、器件性能的非理想性、不同测量通道之间的非一致性等。如果这些问题得不到解决，那么遥感数据的准确性和可靠性将会受到严重的影响，进而影响遥感应用效果。

因此，偏振定标是提高偏振测量精度的有效手段。通过偏振定标可以对偏振遥感仪器的各项性能指标进行精确的测量和校准，确保在实际应用偏振遥感仪器时，其性能满足使用需求。在偏振定标过程中，需要使用专门的偏振定标设施和方法对偏振遥感仪器的各个部件和系统进行全面的测试和评估，包括对光学系统的校准、对探测器响应特性的测试、对信号处理系统的验证等。

在偏振定标过程中，相关人员需要仔细分析偏振遥感仪器的各项性能指标，并根据测试结果对偏振遥感仪器进行调整和优化。这可能涉及对光学系统的重新设计、对探测器性能的改善、对信号处理算法的优化等。通过这些措施可以逐步提高偏振遥感仪器的偏振测量精度。

此外，偏振定标还需要考虑外部环境因素的影响。例如，温度、湿度、大气条件等都可能对偏振定标产生影响。因此，在偏振定标过程中，需要对这些外部因素进行模拟和控制，以确保偏振定标结果的准确性和可靠性。

在偏振定标过程中，首先需要从偏振遥感仪器的探测矩阵中确定未知参数，这是确保偏振测量精度的关键步骤。以 POLDER 探测器为例，其偏振定标过程可以通过一个复杂的数学模型来描述，此模型详细地阐述了该探测器输出的灰度值与多个参数之间的关系。

在 Andresen B. F. 于 1995 年发表的论文 *Preflight calibration of the POLDER instrument* 中，详细地介绍了 POLDER 探测器的预飞行偏振定标方法。式（1.1）为该探测器输出灰度值和线偏振度的关系式，其中，s 为相对曝光档位号，它是一个重要的变量，用于调整该探测器的曝光水平，以适应不同的光照条件；A^k 为绝对辐射偏振定标系数，用于将该探测器的输出转换为实际的辐射强度；t^s 为相对曝光时间，决定了该探测器接收光信号的时间；$T^{k,a}$ 为偏振片和滤光片的相对透过率，能够影响通过这些光学元件的光强和光偏振状态；$g_{l,p}^{k,a}$ 为空间频谱的高频相对透过系数；P^k 为低频部分的相对透过率，对遥感信号的频率特性有重要影响；$C_{l,p}^s$ 为暗电流校正系数，用于校正该探测器在无光照条件下的背景噪声。

$$X_{l,p}^{s,k,a} = A^k \cdot t^s \cdot T^{k,a} \cdot g_{l,p}^{k,a} \cdot P^k(l,p) \left[P_1^{k,a}(\theta,\varphi) \cdot I_{\theta,\varphi}^k + P_2^{k,a}(\theta,\varphi) \cdot Q_{\theta,\varphi}^k + P_3^{k,a}(\theta,\varphi) \cdot U_{\theta,\varphi}^k \right] + C_{l,p}^s$$

（1.1）

通过测量不同偏振方向的响应值，可以建立一组联立方程。通过这些方程能够求解出斯托克斯矢量中的 **I**、**Q**、**U** 分量。斯托克斯矢量是一种描述偏振光状态的数学工具，其中，**I** 分量代表总光强，而 **Q** 和 **U** 分量则描述不同方向上光强度差的偏振特性。通过精确地测量这些分量，可以实现对光的线偏振状态的准确测量，即通过测量 3 个偏振方向的响应值并联立方程即可求得斯托克斯矢量中的分量，实现对光的线偏振状态的测量。在地物遥感探测领域，由于偏振光的圆偏振分量很小，多数被测目标的圆偏振分量在仪器可以检测到的范围内能够忽略，通常假定圆偏振分量忽略不计，只研究线偏振信息。本书对所用的偏振遥感仪器不做特殊说明时测量的是线偏振，偏振测量精度均是指线偏振测量精度。完整的米勒矩阵和斯托克斯参数描述的是整个偏振状态，但在遥感测量领域，由于圆偏振分量很小，所以可将四维 Stokes-Mueller（斯托克斯-米勒）描述方法降维成只含线偏振信息的三维 Stokes-Mueller 描述方法。此时，偏振光可以用 1×3 的斯托克斯矢量$[I,Q,U]$表示，相关器件可用 3×3 的米勒矩阵表示。式（1.1）就是忽略圆偏振分量后的仪器探测公式。

在偏振遥感技术中，对该探测器输出的灰度值的精确表达至关重要，因为它直接影响偏振测量的准确性和可靠性。式（1.1）所示的数学模型不仅涉及相对曝光时间这一基本参数，而且涉及偏振片和滤光片的相对透过率，这些光学元件的特性对光的线偏振状态和光强有直接影响。此外，该模型还考虑了空间频谱中高频和低频部分的相对透过系数；考虑了由偏振的特殊探测方式所带来的 3 个通道的不一致性。这种不一致性是偏振测量中必须考虑的因素，因为它会影响最终的测量结果。通过深入分析探测器的响应值，并结合斯托克斯参数测量原理，可以构建出一个偏振探测矩阵，该矩阵能够全面地描述偏振光的特性。在构建偏振探测矩阵的基础上，通过精心设计的实验，可以测定式（1.1）中的各个参数。这些实验通常包括对该探测器响应的精确测量，以及对光学元件特性的详细分析。根据实验得到的数据可以对偏振探测矩阵进行定标，也就是说，可以确定每个参数的具体值，确保测量结果的准确性。

式（1.1）中主要包含相对曝光时间、偏振片和滤光片的相对透过率、空间频谱的高频相对透过系数、低频部分的相对透过率。由式（1.1）可以看出，通过在该探测器的响应值中引入影响偏振效应的主要因素，根据该探测器得到的探测量，以及斯托克斯参数测量原理，得到偏振探测矩阵，然后通过具体的实验得到这些参数并实现定标，最终通过定标实现矫正，达到偏振测量的要求。

APS 作为一种高精度的偏振遥感仪器，在偏振测量领域具有显著的优势。其测量精度可达 0.5%，这一精度水平在同类仪器中非常高，表明 APS 在偏振测量方面具有极高的准确性和可靠性。这种高精度的实现得益于 APS 独特的偏振定标过程，该过程虽然复杂，但却是确保测量结果精度高的关键步骤。

APS 的偏振定标过程始于对各个组件米勒矩阵的深入分析。米勒矩阵是一种描述光学元件偏振特性的数学工具，它可以精确地表达光学元件对光偏振状态的影响。在对 APS 进行偏振定标的过程中，首先需要对 APS 的探测器的每个组件都进行米勒矩阵的测量和计算；然后将这些单独的米勒矩阵综合起来，形成整个系统的米勒矩阵，通过这一步可以理解整个系统是如何响应线偏振状态不同的光的。

拥有系统的米勒矩阵之后，接下来的任务是用该矩阵描述到达 4 个探测器的光的强度。通过这一步可以推导出入射光的斯托克斯参数之间的比值。斯托克斯参数是一组描述线偏振状态的参数，它们能够全面地表达光的偏振特性。在 APS 中，通过测量不同探测器接收到的光的强度，结合系统的米勒矩阵，可以计算出这些斯托克斯参数之间的比值。

APS 偏振定标过程的数学模型如式（1.2）所示，它详细地描述了如何从探测器接收到的光的强度出发，通过一系列复杂的计算，最终得到入射光的线偏振度。

APS 偏振定标过程的推导及实现都较为复杂。在对 APS 进行偏振定标的过程中，从各组件的米勒矩阵出发，推导出系统的米勒矩阵。然后，由该米勒矩阵和到达 4 个探测器的光的强度，推导出入射光的斯托克斯参数之间的比值，进而得到入射光的线偏振度。

$$\begin{bmatrix} q_i \\ u_i \end{bmatrix} = \begin{bmatrix} Q\big/I \\ U\big/I \end{bmatrix} = \frac{-1}{\cos[2(\varepsilon_1 - \varepsilon_2)]} \begin{bmatrix} \cos(2\varepsilon_2) & -\sin(2\varepsilon_1) \\ \sin(2\varepsilon_2) & \cos(2\varepsilon_1) \end{bmatrix} \begin{bmatrix} x_i \\ y_i \end{bmatrix} \qquad (1.2)$$

其中，

$$\begin{bmatrix} x_i \\ y_i \end{bmatrix} = \begin{bmatrix} \dfrac{I(0+\varepsilon_1) - I(90+\varepsilon_1)}{I(0+\varepsilon_1) + I(90+\varepsilon_1)} \times \dfrac{e_1+1}{e_1-1} \times \xi(p_i) - (\cos 2\varepsilon_1 \cdot q_{\text{inst}} + \sin 2\varepsilon_1 \cdot u_{\text{inst}}) \\ \dfrac{I(45+\varepsilon_2) - I(135+\varepsilon_2)}{I(45+\varepsilon_2) + I(135+\varepsilon_2)} \times \dfrac{e_2+1}{e_2-1} \times \xi(p_i) - (\cos 2\varepsilon_2 \cdot q_{\text{inst}} + \sin 2\varepsilon_2 \cdot u_{\text{inst}}) \end{bmatrix}$$

$\xi(p_0)=1$；$\xi(p_1)=1+p_{\text{inst}}p_{i-1}\cos[2(\chi_{\text{inst}}-\chi)]$，为复合项，需要通过迭代实现；$q_{\text{inst}}=\tanh\eta\cos(2\alpha_{\text{m}})$，$u_{\text{inst}}=\tanh\eta\sin(2\alpha_{\text{m}})$，$\eta$ 为正交误差，α_{m} 为正交镜与相位器的方位角的夹角，q_{inst} 与 u_{inst} 代表仪器自身的偏振量；$I(0+\varepsilon_1)$、$I(45+\varepsilon_2)$、$I(90+\varepsilon_1)$、$I(135+\varepsilon_2)$ 为通过 4 个通道到达探测器的光的强度；e_1、e_2 分别为正交的两个沃拉斯顿棱镜的消光比；ε_1 与 ε_2 分别为正交的两个沃拉斯顿棱镜的偏振解析方向与理想位置的偏差。

由 POLDER 探测器、APS 的偏振定标公式可以看出，在进行偏振定标时首先考虑会引入哪些误差，然后重点考虑这些误差，实现高精度测量。

1.3 国内外偏振遥感仪器的发展

目前，偏振遥感仪器具有很大的发展和应用潜力，国内外很多研究机构都在对偏振遥感仪器进行研究和探索。随着研究的逐渐深入，产生了若干用于偏振遥感仪器的载荷，以下着重介绍几种较为重要的国内外的载荷。

1.3.1 国外偏振遥感仪器的发展

1．POLDER 探测器

20 世纪 80 年代末，法国里尔大学研发了一种创新的遥感探测器——POLDER 探测器，它的研制成功标志着偏振遥感技术取得了重要进展。设计 POLDER 探测器的初衷是，对云层、大气气溶胶、陆地表面和海洋等进行深入观测。该探测器通过独特的多角度观测能力为研究人员提供了一个全新的视角来研究地球环境。

POLDER 探测器的多角度观测能力是通过与大视场镜头和面阵 CCD（电荷耦合器件）技术相结合实现的，它能够同时从多个角度捕获地球表面的反射光。偏振片和滤光片被巧妙地安装在探测器与最后透镜之间的旋转轮上。这个旋转轮的设计至关重要，因为它携带了 16 个独立的通道，这些通道包括 6 个用于非偏振测量的通道，以及 9 个用于偏振测量的通道，后者被进一步细分为三组，每组对应不同的光的波长，分别为 443nm、670nm 和 865nm。除此之外，该探测器还包括一个用于测量暗电流的通道，这对于提高测量精度和校正系统误差至关重要。

为了确保在不同偏振波长下获得的像元能够准确对应同一观测目标，POLDER 探测器采用了光楔补偿技术。这种技术能够有效地调整和校准面阵 CCD 上每个像元的观测角度，确保观测目标数据的一致性和可比性。同时通过滤光片来实现光谱信息的分离和获取，为偏振测量提供必要的光谱分辨率。然而，POLDER 探测器在偏振测量方面存在一定的局限性，它仅能测量线偏振光，无法测量圆偏振光。

POLDER 探测器的偏振测量原理基于对斯托克斯参数的测量原理，它是一种描述光的偏振状态的数学模型。该探测器能够通过 0°、60° 和 120° 3 个偏振检测方向的起偏器，测量这 3 个方向的光强。通过这些测量值可以准确地确定光的线偏振状态，即光的偏振特性，计算出光的偏振角和线偏振度。这种测量方式为分时测量方式，即利用同一套光学系统在不同时间对偏振状态不同的光进行测量，并通过面阵 CCD 技术同时捕获多角度信息和观测目标的几何信息。

尽管通过分时测量方式观测状态变化较为缓慢的目标效果较好，但也存在一些弊端。其中，最主要的弊端是，探测波段的数量受到限制，这可能会影响对某些特定类型大气现象的观测。此外，在相对曝光时间内，如果观测目标的线偏振状态发生变化，则可能会引入错误的偏振信息，降低偏振解析精度，影响最终的测量结果。

POLDER 探测器的光学系统设计具有鲜明的特点，如图 1.1 所示。它采用了大视场设计方案，第一块透镜保护镜头用熔石英制成，主要用于确保后续的光学元件免受损伤。第二块透镜非球面镜有助于校正畸变和光瞳像差，确保光学系统的成像质量。第三块和第四块透镜构成了远焦系统，其他透镜则用于满足该探测器的像差需求，以实现最佳的成像效果。偏振片和滤光片的安装位置也非常关键，它们位于该探测器和最后透镜之间的转轮上，这一设计使得POLDER探测器能够在一套光学系统中同时实现对空间分辨率、时间分辨率、光谱分辨率、角度信息和偏振信息的综合获取。

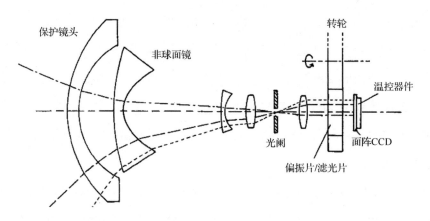

图 1.1　POLDER 探测器的光学系统设计

2．3MI

欧洲太空署（European Space Agency，ESA）在偏振遥感仪器领域持续探索，成功研发了新型的多角度多光谱偏振成像仪（3MI）。这一先进的仪器在原有技术基础上实现了重大改进和扩展，显著提升了遥感探测的能力和精度。3MI 的设计理念实现了对地表更为全面和细致的观测，特别是对近紫外和短波红外波段的光的探测能力得到了提升。

3MI 的光学系统由两个独立的光学路径和对应的探测器组成，这种设计允许其同时从不同角度捕获图像，获得更为丰富的地表信息。滤光片和偏振片的安装位置经过了精心设计。它们被安装在一个大型的机械转盘上，这一设计不仅保证了光学元件的稳定性，也便于 3MI 进行快速和精确的角度调整。图 1.2 所示的 3MI 光机结构设计概念图清晰地显示了这一精密仪器的结构。

3MI 共有 12 个探测波段，其中，9 个探测波段具备偏振探测能力，这为偏振测量提供了更多的选择且灵活性高。相较于 Parasol 卫星，3MI 在波长覆盖范围方面有显著扩展，波长覆盖范围从原来的 0.443～1.020μm 扩展到了 0.340～2.220μm。新增了 3 个波长，分别为 1.37μm、1.65μm 和 2.15μm。这些新增波长的加入显著提高了 3MI 对大气气溶胶大粒子物理特性的敏感度，使 3MI 能够提供更为精确的反演结果。

3MI 的在轨工作原理与 POLDER 探测器类似，都是通过大角度成像技术来获取地面目标的多角度信息。这种技术允许 3MI 从不同角度观测地表，捕获由地形、植被和其他地表特征引起的偏振特性变化信息。通过分析这些多角度信息，研究人员能够更准确地了解地表覆盖类型、植被状态和大气条件等。

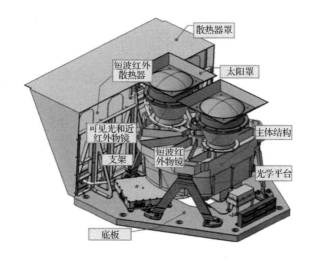

图 1.2　3MI 光机结构设计概念图

3．APS

美国的 APS 是基于地球观测扫描偏振计（Earth Observing Scanning Polarimeter，EOSP）研发的先进技术成果。APS 的核心使命在于，精确地收集地球云层和大气气溶胶的详细特性数据，这些数据对于理解大气环境、气候变化和空气质量具有重要意义。

APS 的工作原理是，通过一种特殊的光学设备——沃拉斯顿棱镜实现偏振光的分离。这种棱镜能够将一束入射的平行光分割成两束振动方向相互垂直的线偏振光。通过正交反射镜组的旋转实现光的多角度测量，由系统限制视场是通过前置望远镜实现的。这种设计不仅扩大了测量的视场，而且通过前置望远镜的设置确保了测量视场的统一性和一致性。

在沃拉斯顿棱镜的作用下，由分色片将分离出的线偏振光按照不同的波段分配到各自的光谱通道中。在透镜的聚焦作用下，这些光谱通道中的光被精确地引导，并经过滤光片的筛选，光的带宽被限制，最终光在双元探测器上实现聚焦。这一过程确保了测量数据的高精度和高分辨率。

APS 的偏振测量基于 Pickering 方法，是一种通过测量斯托克斯矢量来确定光偏振状态的方法。在 APS 中，沃拉斯顿棱镜的检偏器被设置在 45°方位角处，这使得入射光能够被解析为 0°、90°、45°和 135°四个不同的振动方位。与 POLDER 探测器相似，APS 主要用于测量线偏振光。

APS 的设计采用了一种独特的同时偏振测量技术，这种技术要求使用两套完全相同的光学系统来完成对单一波段光的偏振测量。这种设计不仅确保了偏振测量的一致性和可靠性，而且提高了偏振测量的精度和效率。在光学系统和探测器的选择上，APS 面临着一定的挑战。由于光学系统和探测器之间可能存在差异，APS 特别设计有星上偏振定标器，此偏振定标器能够对光学系统和探测器的性能进行实时监测和调整，保证测量数据的质量和精度。

尽管存在以上挑战，APS 的单元探测器设计也具有显著的优势。突出优势是能够满足宽波段光的探测需求。这意味着 APS 可以根据不同的波段选择最合适的探测器类型，实现对不同波段光的精确测量。这种灵活性和适应性使得 APS 在遥感领域被广泛应用。

APS 的设计和性能使其成为目前理论精度较高的偏振遥感仪器之一。凭借同时偏振测量技术、星上偏振定标器、宽波段探测能力和零偏振效应等优势，APS 能够提供高质量的大气气溶胶特性数据，为气候变化研究、环境监测和天气预报等提供了宝贵的数据支持。

APS 整机外形图如图 1.3 所示。

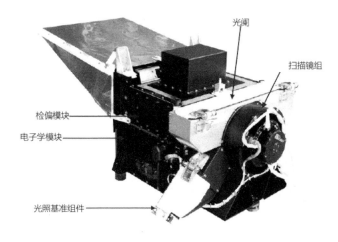

图 1.3　APS 整机外形图

4．SPEX

2003 年，荷兰的科学家成功研制出了一种新型的多角度偏振光谱仪，名为机载行星探测光谱仪（SPEX），这种仪器适用于行星探测和空间环境探测。SPEX 的光学原理如图 1.4 所示，其结构和功能都经过了精心设计，以适应严苛的太空环境。

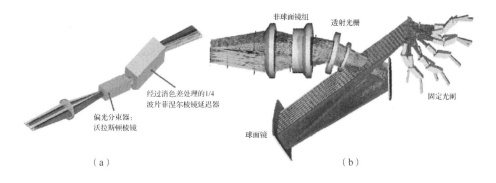

（a）　　　　　　　　　　　　（b）

图 1.4　SPEX 的光学原理

SPEX 的结构可以分为两个主要部分：狭缝前的偏振解析光学系统和

狭缝后的光谱仪光学系统。光信号首先进入该仪器中，通过一个由菲涅耳棱镜构成的消色差 1/4 波片延迟器，这一设计有助于减少色散现象，提高光谱的清晰度。

经过延迟器的处理后，光信号到达沃拉斯顿棱镜，该棱镜的作用是将光信号分解为偏振光。这种偏振光由两个偏振方向不同的光组成，它们被单透镜精确聚焦在两个分立的狭缝上。这种设计允许 SPEX 对偏振状态不同的光进行精确测量。所有光学部件均为非动件，提高了仪器的可靠性。

SPEX 9 个结构相同的偏振光被巧妙地聚焦在同一狭缝面上，然后通过透射光栅和分光光学系统，依次被聚焦在焦平面阵列上。这种设计使得 SPEX 能够同时测量多个偏振状态不同的光谱信息，大大提高了测量效率。

SPEX 的偏振测量原理基于强度调制。当光通过调制器（偏振光调制模块）之后，调制器输出的功率谱实际上是各个被调制到不同频率载波上的斯托克斯矢量元素谱的线性叠加。这种调制原理允许 SPEX 通过测量不同频率的光信号来区分和提取偏振信息。

在实际测量过程中，首先由 SPEX 记录功率谱，然后通过适当的信号处理方法进行解调，即将斯托克斯矢量元素谱从调制器输出的线性叠加的功率谱中解调出来。通过这种方法，SPEX 能够实现其功能，提供目标偏振特性的详细信息。

SPEX 的设计和工作原理体现了现代遥感技术的高度发展，它不仅能够提供精确的偏振光数据，而且其创新的结构和原理为行星探测和空间环境探测提供了新的工具和方法。这种仪器的成功研制标志着偏振光测量技术迈出了重要的一步，为未来的空间探索和科学研究创造了新的可能性。

SPEX 可以在不同的环境下稳定工作，因为它不依赖于外部光源或复杂的机械结构。这种稳定性使得 SPEX 能够适应变化多端的空间环境。同时，SPEX 由于测量过程自动化和算法精确度高，因此能够快速地提供高质量的偏振光数据，这对于需要快速响应和实时分析数据的应用场景来说尤为重要。

总之，SPEX 作为一种新型的多角度偏振光谱仪，基于强度调制的偏振测量原理，不仅提高了偏振测量的精度和效率，而且增强了自身的稳定性和适应性。SPEX 能够为行星探测和空间环境探测提供宝贵的数据，推动相关科学领域的发展。

5．MSPI

多角度光谱偏振成像仪（Multiangle Spectro Polarimetric Imager，MSPI）是一种先进的偏振成像仪器，它是多角度成像光谱辐射计（Multi-angle Imaging Spectro Radiometer，MISR）的一次重大升级。MISR 是由美国国家航空航天局（National Aeronautics and Space Administration，NASA）的喷气推进实验室（Jet Propulsion Laboratory）开发的，被搭载在地球观测系统（Earth Observation System，EOS）的 Terra 卫星平台上。MISR 的设计结构允许它从多个角度获取地球表面的观测数据，这些角度沿着轨道从前向 70° 到后向 70° 分布，覆盖了 9 个不同的观测天顶角。MISR 能够捕捉 446nm、558nm、672nm 和 866nm 四个特定波长的光的信息，这使得它在地球表面特征的多角度分析方面具有独特的优势。

MSPI 在 MISR 的基础上有显著的改进和扩展。它增加了 4 个新的观测波长，能够收集更广泛的光谱信息。这些新增的波长包括 470nm、660nm 和 865nm，这 3 个波长对偏振敏感，能够提供关于地表特征的偏振测量数据。除此之外，MSPI 还能收集 355nm、380nm、445nm、555nm 和 935nm 5 个非偏振通道的光强信息，这些数据对于理解不同物质的反射和吸收特性至关重要。

MSPI 特别适用于宽波段光的高精度偏振成像测量。它采用的是离轴三反望远系统，这种系统通过穿轨扫描的方式实现对地表的偏振成像探测，不仅提高了成像的精度，而且增强了观测的灵活性，使得 MSPI 能够在不同轨道和不同条件下有效地收集数据。

MSPI 的偏振分析模块是其核心组成部分，由放置在两个 1/4 波片中间的一对光弹调制器组成。这种配置允许 MSPI 对偏振光进行精确的调制和分析。此外，MSPI 的焦平面设置有线偏振片和滤光片，这些组件共同构成了光谱偏振检测器，用于实现多光谱偏振状态的检测。

总的来说，MSPI 的设计和功能代表遥感技术领域的一次重大进步。通过增加新的观测波段和采用先进的偏振分析技术，MSPI 能够提供更为丰富和精确的地表数据，这对于气候变化研究、大气环境监测、农业管理和城市规划等具有重要的意义。MSPI 的成功开发和应用不仅展示了人类在空间科学研究和遥感技术方面不断探索和创新的精神，也为未来的地球观测和环境研究提供了新的视角和工具。

MSPI 的光学系统方案及系统布局如图 1.5 所示，图中的 M1、M2 和 M3 都代表离轴抛物面反射镜。

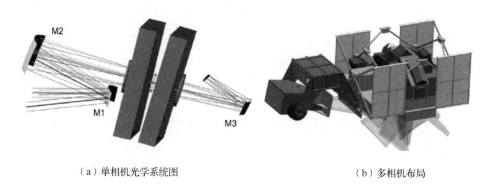

（a）单相机光学系统图　　　　　　　　　（b）多相机布局

图 1.5　MSPI 的光学系统方案及系统布局

1.3.2　国内偏振遥感仪器的发展

1. DPC

近年来，随着工业化和城市化进程的加快，我国的大气环境面临着严峻的挑战，空气质量问题日益凸显，大气环境质量逐渐恶化。在这种背景下，对大气进行偏振遥感监测就变得日益紧迫。偏振遥感技术能够帮助人们获得大气气溶胶、云层的重要信息，对于监测和评估大气环境质量具有重要意义。

为了应对这一挑战，中国科学院安徽光学精密机械研究所汇聚了一批光学、精密机械和遥感技术领域的科学家和工程师，致力于开发和完善偏振遥感测量技术。他们的研究成果不仅推动了我国在该领域的科技进步，也为大气环境监测提供了强有力的技术支撑。

在这一过程中，中国科学院安徽光学精密机械研究所相继研发了类似于 POLDER 探测器和 APS 的偏振成像仪。这些偏振成像仪能够利用偏振光的特性，对大气气溶胶进行高精度的测量，为大气环境研究提供了新的视角和方法。

除了偏振成像仪，中国科学院安徽光学精密机械研究所还成功研发了多角度偏振成像仪（Directional Polarization Camera，DPC）和大气多角度偏振辐射计（the Atmosphere Multi-angle Polarization Radiometer，AMPR）两套偏振遥感测量系统。DPC 和 AMPR 的设计和功能各有侧重，但都体现了多角度测量的特点，能够从不同方向获取大气气溶胶的偏振信息，为大气环境的立体监测提供了可能。

DPC 通过不同角度的多个偏振成像仪实现了对大气气溶胶的全方位观测。这种设计使得 DPC 能够捕获大气气溶胶的空间分布特征信息，为研究大气气溶胶的传输和演变提供了重要数据。而 AMPR 则通过不同角度的多个偏振辐射计实现了对大气辐射特性的多角度测量。这种设计有助于研究大气辐射平衡和能量交换过程，对于理解大气环境变化具有重要意义。

DPC 是一种精密度很高的遥感设备，是专为大气环境监测和大气气溶胶特性分析设计的。DPC 具有 8 个不同的观测波长，其中 490nm、670nm 和 865nm 三个波长专门用于偏振测量，共计 15 个通道（每个偏振测量波长占 3 个通道，每个非偏振测量波长占一个通道，剩余的一个通道测量本底），这些波长对于捕获大气气溶胶的偏振特性信息至关重要。每个偏振测量波长都配备有 3 个独立的通道，使得 DPC 能够在不同光偏振状态下从不同角度收集数据，提供更为全面的大气信息。DPC 的 5 个非偏振测量波长各占一个通道。此外，DPC 还特别设计有一个通道用于测量本底，即自然背景辐射水平，对于提高测量数据的准确性和可靠性至关重要。

DPC 采用了先进的面阵 CCD 探测器，这种探测器具有 512×512 个像元，能够提供高分辨率图像数据。面阵 CCD 探测器的视场范围达 100°×100°，这使得 DPC 能够覆盖广阔的观测区域，捕获大气环境的宏观特征信息。

在测量方式上，DPC 采用了与 POLDER 探测器类似的测量方式。通过在一个转盘上设置不同的滤光片和偏振片，DPC 能够在飞行过程中分时获取不同波长和不同偏振方向的测量信息。这种设计不仅提高了数据采集的效率，而且增加了观测的灵活性，使得 DPC 能够满足不同的观测需求。

DPC 的主要组成部分与 POLDER 探测器相似，包括以下几个关键组件。

宽视场光学系统：负责收集大气反射和散射的光，为后续的偏振和光谱测量提供高质量的光信号。

滤光片/偏振片转轮：通过旋转转盘，DPC 可以快速切换不同的滤光片和偏振片，实现对偏振状态不同的光的观测。

面阵 CCD 探测器：作为 DPC 的核心部件，面阵 CCD 探测器负责将光信号转换为电信号，生成高分辨率的图像数据。

图 1.6 所示为 DPC 示意图，其清晰地展示了 DPC 的主要组成部分。通过这种设计，DPC 能够实现对大气环境的多角度、多波段、多偏振状态的全面观测，成为大气科学研究和环境监测的一种强有力的工具。

图 1.6　DPC 示意图

2．AMPR

AMPR 的光学原理如图 1.7 所示。AMPR 采用同时测量方式，将沃拉斯顿棱镜作为偏振分束器，通过正交反射镜沿轨道方向进行扫描，并通过放置在偏振分束器之后的分色片和滤光片实现光谱分离。第一块正交反射镜旋转 90°。这里以一对通道 A、A'为例，通过正交反射镜进入 AMPR 的光信号会通过相同的光学系统，沃拉斯顿棱镜和前置望远透镜会将光信号分成振动方向互成 90°的两束线偏振光，此两路线偏振光被分色片分成 3 束光谱波段不同的光，共形成 6 个光通路，每两个光通路是一对，可以完成 3 个光谱波段的测量。图 1.7 中 A 和 A'这种光路总共有三对，最多可以完成 9 个光谱波段的同时测量。A 通道和 A'通道中的沃拉斯顿棱镜的理想方位角分别为 0°和 45°，这样会产生 4 个振动方向（0°、90°、45°、135°）的线偏振光分量，根据斯托克斯参数测量原理解析出目标的偏振信息。

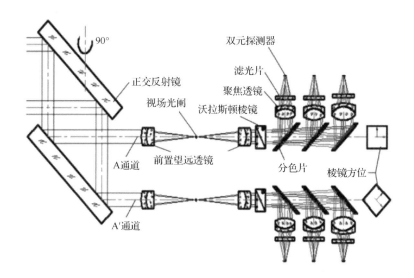

图 1.7　AMPR 的光学原理

AMPR 采用了一种独特的同时测量方式，核心在于将沃拉斯顿棱镜作为偏振分束器，将光信号分成偏振方向不同的线偏振光。通过这种偏振分束器，

AMPR 能够同时捕获多个角度的光偏振信息，为光谱特性分析提供的信息更加全面。

AMPR 的光学系统设计得很巧妙，它通过正交反射镜沿轨道方向进行扫描，可以从不同角度收集数据。正交反射镜允许它在水平方向和垂直方向进行精确的光束定位，确保测量的准确性和可重复性。在光谱分离方面，AMPR 采用了分色片和滤光片的组合，这种设计可以有效地将复杂的光谱分解成多个波长不同的光，为后续数据分析提供了便利。

在 AMPR 的光学系统中，第一块正交反射镜扮演着至关重要的角色。它通过旋转 90°来改变光的传播方向，这一过程对于实现偏振光的精确测量至关重要。正交反射镜的旋转动作使得光能够以不同的角度进入后续光学系统中。

AMPR 的设计特点和工作原理使其能够根据斯托克斯参数测量原理对光的偏振信息进行精确解析。斯托克斯参数是描述偏振光特性的一组参数，通过它们可以全面地了解光的偏振特性。AMPR 是一种高效的偏振测量工具，被广泛应用于气象学、遥感探测和光学研究等领域中。

3．其他偏振遥感仪器

中国科学院长春光学精密机械与物理研究所的颜昌翔教授和张军强教授等致力于研究一种基于强度调制的静态多光谱偏振成像技术。这项技术的核心在于使用一种特殊的结构，即"光栅–棱镜–光栅"（PGP）结构，实现对光的有效分离和精确控制。他们采用多级相位延迟器来构建光谱调制器，这是实现静态多光谱偏振成像的关键技术之一。通过光谱调制器可以对光进行精细的调制，实现目标的快速成像。这种技术不仅能捕捉目标光谱信息，而且能将斯托克斯参数调制到目标光谱中，在一次测量中同时获取光谱和偏振信息。图 1.8 所示为基于强度调制的静态多光谱偏振成像系统光路图，可以清晰地看到光路设计和各个组件的布局。光路设计巧妙地利用了光栅、棱镜和相位延迟器等光学元件的特性，以实现对光谱和偏振的精确控制。这种设计不仅提高了系统的稳定性和可靠性，而且极大地提高了成像的精度和分辨率。

与传统的光谱偏振测量技术相比，颜昌翔和张军强等研究人员提出的基于强度调制技术的静态多光谱偏振成像方法具有显著的优势。首先，该方法能够实现对目标的快速成像，这对于动态目标的监测和分析具有重要意义。其次，该方法通过将斯托克斯参数调制到光谱中，能够更精确地测量目标的偏振特性，这在偏振遥感、光学材料分析等领域具有重要的应用价值。

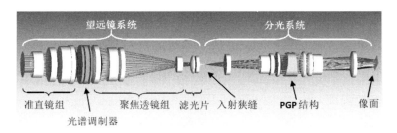

图 1.8　基于强度调制的静态多光谱偏振成像系统光路图

中国科学院上海技术物理研究所的科研团队成功研制出一种新型的分光偏振计样机（见图 1.9），该样机采用 6 个平行光路设计方法。这种设计方法允许同时对 6 个不同波长的光进行探测，这些波长的跨度非常广泛，从近红外区域一直延伸到短波红外区域，覆盖了从可见光到红外光的广泛光谱范围。

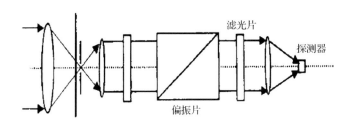

图 1.9　分光偏振计样机

特别值得一提的是，该样机也能够检测圆偏振光，这是因为圆偏振光的各斯托克斯参数之间具有特定的关系。通过精确测量这些参数，可以对圆偏振光进行有效的识别和分析。此外，该样机的偏振测量精度非常高，优于 1%，这一偏振测量精度在偏振光测量领域是非常难得的。

西安交通大学的科研团队在偏振遥感技术领域取得了创新性的进展，他们提出了一种新型的偏振干涉成像光谱仪，这种仪器将 Savart 偏光镜作为核心组件，能够实现对二维目标的偏振光测量。这种方法的关键在于，通过偏振干涉成像光谱仪的旋转，从 3 个角度对光强进行测量，求出偏振光的斯托克斯矢量，它是一种描述偏振光特性的矢量。

Savart 偏光镜是一种特殊的光学元件，它可以有效地控制和测量光的偏振状态。在这种新型的偏振干涉成像光谱仪中，Savart 偏光镜大大提高了偏振测量的精度和可靠性。通过精确地调整 Savart 偏光镜的角度，可以实现对偏振方向不同的光强进行独立测量。Savart 偏光镜的原理如图 1.10 所示。

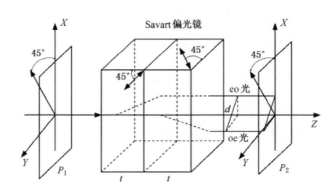

图 1.10　Savart 偏光镜的原理

1.4　影响偏振测量精度的因素及分析方法

在偏振测量仪器误差分析中，通常将误差分为两大类：随机误差和仪器自身固有的误差。这两类误差对测量结果的准确性有直接影响，因此，理解和识别这些误差的来源对于提高测量精度至关重要。随机误差独立于信号，在测量过程中不可避免。在高精度偏振光谱探测仪器中，除了随机误差，还经常会遇到一些仪器固有的噪声。这些噪声主要包括：①与大气探测相关的误差。这些误差通常是由大气条件的不稳定性而引起的，它们会影响光学系统的性能和偏振测量结果的准确性。②仪器自身的偏振误差。它们主要来源于光学系统的多个方面，如望远镜和仪器光学元件的偏振特性、仪器内部的偏振散射光、光谱仪的狭缝偏振等。这些误差可能会影响光的传播和偏振状态，进而影响偏振测量结果。③相位延迟器和偏振器件的入射角、温度与波段特性，晶体的相差，以及偏振条纹。这些误差可能会在测量过程中引入额外的偏振信息，影响测量结果的准确性。④图像的"鬼影"、天空背景的变化、大气与光学系统中的非偏振散射光。⑤有效的偏振定标精度。偏振定标是提高偏振测量结果准确性的关键步骤，偏振定标精度不足可能会导致测量结果有偏差。为了提高偏振测量精度，需要对这些误差进行深入的分析和理解，并采取相应的措施对其进行校正和补偿，包括对大气条件的监测、对光学系统的优化设计、对仪器偏振特性的精确控制，以及对测量数据的精确处理等。通过这些方法可以有效地减少误差对测量结果的影响，提高偏振测量结果的准确性和可靠性。

北京理工大学的李建慧、张雪冰对 Mueller 矩阵成像偏振仪产生的误差进行了分析。他们从实际装调出发，深入探讨了 Mueller 矩阵成像偏振仪中各个组件的误差来源，并提出了一种有效的误差标定方法。在 Mueller 矩阵成像偏振仪中，相位延迟量误差是一个关键的误差源。这种误差通常与偏振元件的光学特性（如波片的厚度不均匀或折射率不一致等）有关。在对这些误差进行详细分析时，他们考虑了不同组件（波片、偏振片等）的相位延迟量误差，以及这些误差对最终测量结果的影响。除了相位延迟量误差，快轴方位角误差和偏振片透光轴方位角误差也是影响偏振测量精度的重要因素。快轴方位角误差指的是偏振元件的快轴与理论方位角之间的偏差，偏振片透光轴方位角误差指的是偏振片的透光轴与理论方位角之间的偏差。这些误差可能会导致偏振测量结果的偏振方向发生偏移，影响偏振测量精度。为了解决这些问题，他们采用傅里叶分析法进行研究。傅里叶分析法是一种数学工具，通过傅里叶分析法可以将信号分解为不同频率的正弦波和余弦波的组合，能够获得各项误差的傅里叶系数，傅里叶系数描述了误差对不同频率的影响。获得傅里叶系数之后，他们进一步研究了这些傅里叶系数与误差之间的关系。通过调整傅里叶系数可以有效地校正误差，提高偏振测量结果的准确性。他们提出了一种误差标定方法，该方法利用傅里叶系数来校正相位延迟量误差、快轴方位角误差和偏振片透光轴方位角误差。误差标定方法的提出为 Mueller 矩阵成像偏振仪的误差校正提供了一种新的途径。此外，他们的研究还涉及误差标定的实验验证。他们通过实验数据验证了误差标定方法的有效性，并展示了误差校正前后测量结果的对比情况。这些实验结果进一步证明了他们提出的误差标定方法具有可靠性和实用性。

中国科学院西安光学精密机械研究所的谢正茂对一种共光路近红外偏振干涉光谱仪的关键技术进行了深入研究。这种光谱仪的设计基于偏振干涉原理，其创新之处在于在起偏器和检偏器之间插入了机械补偿式相位补偿器，通过这种方式形成了偏振干涉现象，并且参与干涉的光束实现了共光路，这有助于提高该光谱仪的测量精度和稳定性。在对该光谱仪的关键特性进行研究的过程中，将波动理论作为理论基础，深入探讨了起偏器和检偏器透光轴角度对该仪器的调制度和光通量的影响规律。调制度是描述偏振光强度变化的参数，光通量关系着该光谱仪的信号强度和测量灵敏度。通过以上研究可以优化该光谱仪的设计，使其在不同的测量条件下都能保持较高的性能。此外，他还对相位补偿器的基本参数和稳定性进行了研究，这些基本参数和稳定性直接影响该光谱仪的偏振测量精度。他分析了光程差灵敏度、相位补偿器光轴定向误差、倾角误差容限、热稳定性和斜入射角误差容限等多个指标。关于这些指标的公式被建立起来，用以量化误差的大小和评估误差的影响。光程差灵敏度是指该光谱仪对光程差变化的响应程度，它是衡量该光谱仪测量精度的关键指标之一。相位补偿器光轴定向误差关系着补偿器光轴与起偏器和检偏器光轴的对准精度。倾角误差容限是指该光谱仪在一定角度偏差下仍能确保偏振测量精度的能力，它对光谱仪的稳定性至关重要。热稳定性涉及该光谱仪在温度变化下的性能表现，反映了该光谱仪在不同环境条件下进行偏振测量的可靠性。斜入射角误差容限是指该光谱仪在非垂直入射条件下的偏振测量精度，这在实际应用中也是不可忽视的因素。通过对这些指标进行深入分析和建立公式，谢正茂确立了稳定性与误差和外界干扰指标之间的关系。这种关系的确立有助于在设计和使用该光谱仪时，对可能的误差源进行有效的控制和补偿，提高该光谱仪的整体性能。谢正茂的研究成果不仅为共光路近红外偏振干涉光谱仪的设计和优化提供了理论依据，也为该光谱仪的误差分析和稳定性评估提供了实用的工具和方法，可以进一步提高该光谱仪的测量精度和稳定性，满足高精度偏振测量的需求。

　　中国科学院长春光学精密机械与物理研究所的研究员颜昌翔博士和代虎教授，在深入研究斯托克斯矢量偏振测量技术的过程中，提出了偏振测量仪器的误差主要来源于以下三个方面：一是测量过程中不可避免的探测器噪声，这包括高斯噪声和与信号强度相关的泊松噪声，这些噪声会直接影响偏振测量结果的准确性；二是偏振分析器的偏振特性存在非理想性，这涉及偏振器件的消光比、波片的相位延迟和角度的稳定性等，这些因素的不完美会导致偏振测量结果产生偏差；三是偏振图像采集过程中偏振器件的对准误差，以及图像像素在空间和时间上的配准误差，这些误差同样会降低偏振测量精度。颜昌翔和代虎进一步对这些误差在旋转波片斯托克斯偏振仪中的表现形式进行了详尽的分析，特别关注了使用数据反演矩阵法来重建光的斯托克斯参数，并重点分析了波片快轴对准误差这一特定的误差源。通过对这一误差源进行深入研究，他们揭示了误差在测量过程中的传递链路，即误差是如何在偏振测量系统中传播并影响最终结果的。在此基础上，他们对系统的误差配置进行了优化，以减少误差对测量结果的影响，提高斯托克斯偏振测量的准确性和可靠性。他们采用先进的数学模型和算法对偏振测量过程中的各种误差进行了定量分析。他们不仅考虑了单个误差源对测量结果的影响，而且综合考虑了多个误差源的相互作用和累积效应。通过这种方法，他们能够更全面地理解偏振测量中的误差机制，并为提高偏振测量精度提供理论依据和实践指导。他们对偏振测量仪器误差源的深入研究和分析，不仅丰富了偏振测量领域的理论基础，而且为提高偏振测量技术的实际应用效果提供了重要的指导。

桂林电子科技大学的杨杰在偏振成像技术领域进行了深入的研究，他从系统误差的角度出发，对偏振成像系统中的关键误差进行分析。这些误差主要包括三个方面：一是起偏器的角度定位误差，这是由起偏器在物理安装和调整过程中可能出现的偏差所导致的；二是成像系统的面阵 CCD 相机的固有误差，这涉及面阵 CCD 相机的制造工艺、像素响应不均匀性和电子读出噪声等；三是成像系统的空间视场重合误差，这主要是由于成像系统中各个光学元件的对准精度不足，成像视场在空间上不完全重合。为了深入理解这些误差对偏振测量结果的具体影响，杨杰采用数值模拟和仿真分析方法对各个误差进行了详细的量化分析。在仿真分析中，构建了偏振成像系统的数学模型，模拟了起偏器的角度定位误差、面阵 CCD 相机的固有误差和空间视场重合误差对偏振度和偏振方位角测量精度的影响。通过仿真发现这些误差会以不同的方式影响偏振度和偏振方位角的测量结果，如起偏器的角度定位误差可能导致偏振度的测量值出现系统偏差，而面阵 CCD 相机的固有误差则可能导致测量结果的随机波动。

中北大学陈友华在研究弹光调制型成像光谱偏振仪的米勒矩阵时，将米勒矩阵理论与偏振测量公式相结合，通过精心设计的仿真实验验证了设计方法的可行性和准确性。这一过程不仅涉及对理论的深入理解，还包括对实验数据的精确分析和处理。在仿真和实验的基础上，他进一步探讨了采样间隔对偏振测量精度的影响。采样间隔是影响偏振测量分辨率和数据量的关键参数。他通过细致的分析确定了最优的采样间隔，以在保证偏振测量精度的同时，也能有效地控制数据量，避免因数据过多而出现处理和存储问题。此外，他还深入地研究了积分步长对偏振测量精度的影响。积分步长决定了偏振测量过程中信号的累积程度，对偏振测量的灵敏度和准确性有直接影响。他通过实验对不同积分步长进行了比较，揭示了积分步长对偏振测量精度的具体影响，并提出了相应的优化策略。他的研究还涉及相位延迟幅值和入射视场角等对偏振测量精度的影响。相位延迟幅值是描述偏振光相位变化的重要参数，入射视场角关系着视场覆盖范围。通过对这些参数进行综合分析，他不仅识别了它们对偏振测量精度的潜在影响，还初步探讨了如何通过调整这些参数来减小测量误差。

由参考文献[29]中的误差种类和误差分析可以看出，要想提高偏振测量精度，需要考虑的误差项数量将呈现几何级数上升趋势。由于偏振测量的特殊性，需要若干个通道或者若干次测量才能获得一次测量结果。对每种误差都要仔细从源头进行分析，这会使分析变得非常复杂。

在关于偏振测量的研究中，参考文献[30]提供了一个关于误差种类及其分析的宝贵视角。从该参考文献中可以清晰地看到，随着对偏振测量精度要求的提高，需要考虑的误差项数量急剧增加，呈现出几何级数上升趋势。这种增长不仅对偏振测量系统的设计提出了更高的要求，也对误差分析带来了挑战。

偏振测量的特殊性在于，通常它需要通过多个通道或多次独立测量来综合得出最终的结果。这种方法虽然可以提高偏振测量结果的准确性和可靠性，但是也增大了偏振测量过程的复杂性。每次测量都可能引入新的误差，而这些误差的叠加和相互作用使得误差分析变得更加复杂。研究者需要仔细地对每种可能的误差源进行分析，从源头上识别和量化这些误差，包括对探测器的噪声、光学元件的制造误差、环境因素的波动、测量系统的校准精度等进行分析，要通过精确的数学模型和实验来分析与验证每种误差对测量结果的影响。在进行误差分析时，研究者需要采用系统的方法对各种误差源进行分类和量化，然后通过数学手段，如误差传播理论，来评估这些误差在偏振测量过程中的累积效应。这种方法可以帮助研究者识别出对偏振测量精度影响最大的误差源，并采取相应的措施来控制或减小这些误差。然而，即使采用了系统的方法，误差分析过程也可能非常复杂。这是因为在实际测量过程中，各种误差源之间可能存在相互影响和耦合的情况，这使得误差的量化和控制变得更加困难。此外，由于偏振测量条件的不确定性，一些误差源可能难以完全预测和控制。

为了解决这些问题，研究者需要不断地优化偏振测量系统的设计，提高探测器的性能，改进光学元件的制造工艺，以及采用先进的信号处理和数据分析技术。同时，还需要建立严格的校准和维护流程，确保偏振测量系统的长期稳定和可靠。结合偏振定标，从偏振探测矩阵出发，控制偏振探测矩阵中每个未知参数的误差容限，使偏振测量结果的误差降低，是将问题简化的一种思路。

本书从偏振测量所需的精度出发，对偏振探测矩阵中所有未知参数的误差进行细致的分析，确定每个参数的误差容限。

这种方法允许研究者在设计阶段就能够预见可能的误差来源，并在装调过程中有针对性地进行误差分配。通过这种方式可以确保在满足偏振测量精度需求的前提下，合理地分配各个参数的误差。这种方法不仅提高了偏振测量结果的准确性，也简化了误差分析过程，使研究者能够更加专注于偏振测量系统的设计和优化。

然而，当最终的偏振测量精度或偏振定标的误差容限无法达到预期要求时，研究者需要重新审视误差源。这可能意味着需要回到偏振测量系统设计和装调阶段，对误差进行更为严格的控制。这可能涉及重新对偏振测量系统进行设计，改进偏振测量方法，或者采用更先进的技术来提高偏振测量结果的准确性和可靠性。在这一过程中，误差分析的深度和广度至关重要。研究者需要对每一个可能影响偏振测量精度的因素进行深入分析。通过对这些因素的精确控制，可以最大限度地减少误差的产生，提高偏振测量结果的可信度。此外，误差分析还需要考虑偏振测量系统的动态特性和长期稳定性。随着时间的推移，偏振测量系统可能会出现漂移或退化现象，会影响偏振测量精度。因此，对偏振测量系统进行定期校准和维护也是确保高偏振测量精度的重要环节。

1.5　本书的主要内容

本书对多通道偏振辐射计的技术方案进行了介绍；根据多通道偏振辐射计的特点提出了具体的偏振定标模型，并从偏振定标模型中探测矩阵的各项未知参数出发，梳理了多通道偏振辐射计的关键参数；围绕如何提高多通道偏振辐射计的偏振测量精度，对影响偏振测量精度的关键因素进行了分析和讨论，通过分析获得了关键因素的工程容差指标；针对不同的关键因素，采用不同的方法降低其对多通道偏振辐射计的偏振测量精度的影响；进行了整机性能检测和偏振定标，设计了多通道偏振辐射计的偏振定标测试方案，完成了该仪器的实验室定标；测试了多通道偏振辐射计的光谱响应度、相对透过率、非线性、非稳定性和多偏振通道的视场重合度，以及偏振片透过轴的相对偏差等关键参数，确保了高偏振测量精度。

第 1 章为绪论，首先调研了国内外偏振遥感仪器的发展和现状，重点分析了与多通道偏振辐射计相关的 POLDER 探测器、APS、SPEX、MSPI，以及国内的 DPC、AMPR 等，对比了各种方案的光学特点；然后介绍了影响偏振测量精度的因素及本书采用的误差分析方法。

第 2 章为偏振探测机理及多通道偏振辐射计。首先介绍了偏振的基本概念，叙述了斯托克斯参数测量原理；然后简单介绍了多通道偏振辐射计的光学系统、硬件及软件。

第 3 章为多通道偏振辐射计影响偏振测量精度的关键因素分析，主要推导了用于偏振定标的探测矩阵，建模分析了影响多通道偏振辐射计偏振测量精度的多种因素，这些因素主要包括检偏通道的归一化响应度、探测器的响应稳定性、暗电流、偏振解析方向的测量、探测目标视场重合度、偏振片特性差异和滤光片特性差异。仿真了关键参数的影响结果，提出了相应的工程容差范围，为提高偏振测量精度提供参考。

第 4 章为偏振测量精度提高方法研究，通过建模分析影响多通道偏振辐射计偏振测量精度的多种因素，并仿真关键参数的影响结果，提出了在相应工程容差范围内有效提高偏振测量精度的方法。由于不同的关键参数的表现不同，因此需要采用不同的方法降低其对偏振测量精度的影响：或提高多通道偏振辐射计所使用组件的一致程度，或选用更为理想的器件，或设计更为合适的装调方法，或通过不同的方法控制多通道偏振辐射计产生的测量偏差和噪声等，使偏振测量精度得到提高。本章主要介绍了如何降低各个关键因素对偏振测量精度的影响，还对多通道偏振辐射计的响应稳定性、线性度、信噪比进行了测试。

第 5 章为多通道偏振辐射计的偏振定标及验证，主要设计了多通道偏振辐射计的偏振定标方案，并且开展了偏振定标实验。进行偏振定标时需要对相对光谱响应度、绝对响应度和偏振解析方向进行测试，然后将测试结果和暗电流代入偏振探测矩阵中完成偏振测量，通过实验室实验和外场对比实验检验偏振测量精度。

第 2 章

偏振探测机理及多通道偏振辐射计

本章介绍了偏振探测的相关理论，以及多通道偏振辐射计的特点、技术方案。首先介绍了偏振探测的基本概念，叙述了斯托克斯参数测量原理及偏振探测机理；然后简单介绍了多通道偏振辐射计的光学系统、硬件及软件。

2.1 偏振的基本概念与探测机理

2.1.1 光的偏振状态

在实际应用中，偏振特性的测量和控制对于许多光学系统和成像技术至关重要。例如，在偏振显微镜、偏振相机和遥感探测等领域，精确的偏振信息可以帮助我们更好地理解物质的光学性质和环境特性。因此，深入理解光的偏振特性，以及如何通过波动光学原理来描述和控制这些特性，对于推动光学的发展具有重要意义。通过对电磁波波动特性的深入研究，可以更全面地掌握光与物质相互作用的复杂过程，并根据所掌握的知识来设计和优化各种光学仪器和系统。

从波动光学的角度来看，光的本质是一种频率极高的电磁波，这一特性使得光在传播过程中展现出独特的物理性质。光作为横波的一种，其电场和磁场分量都垂直于光的传播方向，这是光的基本特性。光的偏振特性是电磁波波动特性的一个重要方面，可以通过麦克斯韦方程组来详细解释。

麦克斯韦方程组是电磁理论中描述电磁场如何随时间和空间变化的基本方程。麦克斯韦方程组的基本研究对象是矢量波，包括磁场矢量和电场矢量，磁场矢量常用 H 表示，电场矢量常用 E 表示。该方程组不仅描述了电场矢量 E 和磁场矢量 H 之间的关系，而且揭示了它们是如何与电荷和电流相互作用的。在该方程组中，电场矢量 E 和磁场矢量 H 是核心研究对象，它们共同构成了电磁波的矢量场。为了完整地描述电磁波波动特性，需要考虑 4 个基本参数：波长、相位、振幅和偏振。波长描述波的周期性结构，相位提供波在特定时刻和位置的状态信息，振幅反映了波的能量大小，偏振反映电磁波矢量在垂直于传播方向的平面上的取向。平面电磁波是一种特殊类型的电磁波，其磁场分量和电场分量相互正交，并且都垂直于传播方向。当光沿 Z 轴方向传播时，这种平面电磁波可以用数学表达式来描述，如式（2.1）所示。在此模型中，电磁波的磁场分量和电场分量按照特定的相位差和振幅比率在垂直于 Z 轴的平面上振荡，形成了具有特定偏振特性的光波。

$$E = E_0 \cos(wt - kz + \delta_0) \tag{2.1}$$

写成分量形式为

$$\begin{cases} E_x = E_{0x} \cos(wt - kz + \delta_1) \\ E_y = E_{0y} \cos(wt - kz + \delta_2) \\ E_z = 0 \end{cases} \tag{2.2}$$

写成复指数形式为

$$\begin{cases} E_x(z,t) = E_{0x} \exp[i(wt + \delta_1)] \\ E_y(z,t) = E_{0y} \exp[i(wt + \delta_2)] \end{cases} \tag{2.3}$$

式中，w 为圆频率；

$k = 2\pi / \lambda$，k 为波数，λ 为波长；

E_{0x} 和 E_{0y} 分别为平行和垂直方向的振幅;

δ_1 和 δ_2 分别为平行和垂直方向的相位;

t 为时间。

当电场矢量 E 的振动集中在某一方向时,称光在这一方向是偏振的。光波的振动方向由相位差 $(\delta_1 - \delta_2)$ 和 E_{0x}、E_{0y} 描述,右旋偏振时,$\sin(\delta_1 - \delta_2) > 0$;左旋偏振时,$\sin(\delta_1 - \delta_2) < 0$。线偏振时,$\delta_0 = 0$,表示电场矢量 E 的方向永远不变;圆偏振时,$\delta_0 = \pi / 2$ 且 $E_{0x} = E_{0y}$,表示电场矢量 E 的端点轨迹为一个圆。

自然光是一种由无数个紧密衔接的简单波构成的光波,这些简单波在极短的时间内被探测器所接收,数量可达数百万个。在高速接收简单波的过程中,探测器记录的是这些简单波在时间上的平均效果,这种平均效果可以表现为三种不同的偏振状态:完全偏振、部分偏振和完全非偏振。当所有简单波具有相同的偏振状态时,这种光被称为完全偏振光。这种状态下的光波的电场矢量在所有简单波中都沿着相同的方向振动,展现出一致的偏振特性。当所有简单波的偏振状态完全独立,即每个简单波的电场矢量在空间中随机分布,没有固定的振动方向时,这种光被称为完全非偏振光。在实际的光学测量和成像技术中,对光的偏振状态进行准确测量和控制是非常重要的。不同的偏振状态会影响光与物质的相互作用方式,进而影响成像质量和信息的获取。例如,在偏振显微镜下,通过观察样品的偏振光特性,可以揭示样品的微观结构和化学成分。在遥感探测中,通过分析地表反射光的偏振特性,可以推断地表物质的性质和状态。

在自然界中,最常见的能够发出完全非偏振光的光源是太阳,太阳光通过大气层时,由于大气中分子的散射作用,其偏振状态会由完全非偏振状态逐渐转变为部分偏振状态,处于部分偏振状态的光称为部分偏振光。部分偏振光的特点是,它的电场矢量在各个简单波中有一定的偏振倾向,但又不完全一致。例如,太阳光经过大气中的分子和粒子的散射后,原来的完全非偏振光会因为散射粒子的随机性而具有一定的偏振特性,转变为部分偏振光。这种部分偏振特性在很多自然现象中都有体现,如天空的偏振光、水面的反射光等。

2.1.2 斯托克斯参数及米勒矩阵

椭圆偏振光是一种特殊的光波，其电场矢量在传播过程中沿着椭圆轨迹振动。这种光波通常是由两束振动方向相互垂直的偏振光叠加而成的。这两束偏振光具有不同的振幅和相位，它们相互作用，使椭圆偏振光具有偏振特性。椭圆偏振光的偏振特性可以通过椭圆的几何参数来描述，即可以通过椭圆的长短轴之比和椭圆在空间中的取向来描述。具体来说，椭圆的长短轴之比由两束偏振光的振幅比 E_{0y}/E_{0x} 决定，椭圆在空间中的取向则由这两束偏振光的相位差 δ 决定。这种描述方法允许我们准确地表达任何光波的偏振状态，无论是完全偏振光、部分偏振光，还是完全非偏振光。

偏振光的表示方法包括斯托克斯矢量法、琼斯矢量法、邦加球法和三角函数表示法。这些方法各有优势，能够从不同的角度描述光的偏振特性。斯托克斯矢量法通过 4 个参数来描述偏振光，这些参数可以直观地反映光的偏振度和偏振方向。琼斯矢量法则利用复数矢量来表示光的偏振状态，适用于分析偏振光通过光学系统的过程。邦加球法通过球面上的一点来表示光的偏振状态，提供了一种几何直观的偏振描述方式。三角函数表示法通过电场矢量振动方程来描述光的偏振特性，适用于理论分析和数学推导。在遥感研究中，探测器接收到的光往往是单色的部分偏振光。这种光的偏振特性比较复杂，需要采用合适的方法对其进行描述和分析。斯托克斯矢量法因直观和易于计算的特点，通常被用来描述被测光的偏振状态。因此在遥感研究中，通常采用斯托克斯矢量来描述被测光的偏振状态。通过测量光的 4 个斯托克斯参数，可以准确地反演光的偏振特性，为遥感数据分析提供重要的信息。

斯托克斯矢量法是一种在光学领域被广泛使用的方法，它通过 4 个独立的参数来全面描述光的强度和偏振状态。这种方法不仅适用于单色光，而且适用于非单色光，显示了其在描述光的特性方面的通用性和灵活性。这 4 个独立的参数通常被称为斯托克斯参数，它们分别为总光强、偏振光的两个正交分量的差值、偏振光的两个正交分量的和，以及偏振角的余弦值。这些参数的选取基于光波在时间上的积分，它们是对光强在一定时间内的平均值的度量。这些参数可以用来描述完全偏振光、完全非偏振光和部分偏振光。被描述的光可以是单色光也可以是非单色光。

斯托克斯矢量的 4 个分量可以组合成一个四维向量，这个四维向量在对偏振光的描述中起着核心作用。I 代表总光强，是所有光的能量的总和；Q 和 U 分别描述偏振光在两个正交方向上的强度差异和总和，它们与偏振角的正弦和余弦有关；V 描述圆偏振光的强度，与偏振角的正弦和余弦的乘积有关。斯托克斯矢量法的强大之处在于，其能够描述从完全偏振状态到完全非偏振状态的任意偏振状态。完全偏振光意味着所有光的电场矢量在空间中沿同一方向振动，此时 Q 和 U 会随着偏振角的不同而变化，而 V 则为零。完全非偏振光指的是光的电场矢量在各个方向上均匀分布，在这种情况下除 I 以外，其他的斯托克斯参数都接近零。部分偏振光则介于二者之间，Q、U 和 V 的值会随着偏振光的比例和偏振角的不同而变化。

E_x 和 E_y 分别为平行和垂直方向振动分量的光的矢量，定义参数 $(I, Q, U, V)^{\mathrm{T}}$ 为用于处理偏振光的斯托克斯参数：

$$S = \begin{bmatrix} I \\ Q \\ U \\ V \end{bmatrix} = \begin{bmatrix} E_x^2 + E_y^2 \\ E_x^2 - E_y^2 \\ 2E_x E_y \cos\delta \\ 2E_x E_y \sin\delta \end{bmatrix} \tag{2.4}$$

写成复振幅为

$$S = \begin{bmatrix} I \\ Q \\ U \\ V \end{bmatrix} = \begin{bmatrix} E_x E_x^* + E_y E_y^* \\ E_x E_x^* - E_y E_y^* \\ E_x E_y^* + E_y E_x^* \\ i(E_x E_y^* - E_y E_x^*) \end{bmatrix} \tag{2.5}$$

式中，$\delta = \delta_1 - \delta_2$，为两个振动方向的相位差；

I 为偏振光的强度；

Q 为水平直线偏振光分量；

U 为 45°方向直线偏振光分量；

V 为右旋圆偏振光分量。

用这组参数可以表示任意偏振光的状态。

在完全偏振光中有 $I^2 = Q^2 + U^2 + V^2$，而在部分偏振光中有 $I^2 > Q^2 + U^2 + V^2$。

偏振度（Degree of Polarization）P 为完全偏振光的强度在总光强中的比例，可用式（2.6）表示：

$$P = \frac{\sqrt{Q^2 + U^2 + V^2}}{I} \tag{2.6}$$

$$\tan 2\chi = \frac{U}{Q} \tag{2.7}$$

式中，$P=0$ 代表完全非偏振光，$P=1$ 代表完全偏振光，$0<P<1$ 代表部分偏振光；

χ 为偏振角，为偏振面的方位朝向角，同时，斯托克斯矢量满足线性叠加原理，具有可加性，因此有

$$S_C = S_A + S_B = \begin{bmatrix} I_A \\ Q_A \\ U_A \\ V_A \end{bmatrix} + \begin{bmatrix} I_B \\ Q_B \\ U_B \\ V_B \end{bmatrix} = \begin{bmatrix} I_A + I_B \\ Q_A + Q_B \\ U_A + U_B \\ V_A + V_B \end{bmatrix} \tag{2.8}$$

因此，完全偏振光加上自然光可以得到部分偏振光：

$$S = \begin{bmatrix} I \\ Q \\ U \\ V \end{bmatrix} = \begin{bmatrix} I - \sqrt{Q^2 + U^2 + V^2} \\ 0 \\ 0 \\ 0 \end{bmatrix} + \begin{bmatrix} \sqrt{Q^2 + U^2 + V^2} \\ Q \\ U \\ V \end{bmatrix} \tag{2.9}$$

若定义椭圆率角 $\sin 2\psi = V / I$，则部分偏振光的斯托克斯矢量为

$$S = \begin{bmatrix} I \\ Q \\ U \\ V \end{bmatrix} = I \begin{bmatrix} 1 \\ P\cos 2\psi \cos 2\chi \\ P\sin 2\psi \sin 2\chi \\ P\sin 2\psi \end{bmatrix} \tag{2.10}$$

典型偏振光的斯托克斯矢量如表 2.1 所示。

表 2.1　典型偏振光的斯托克斯矢量

自然光	水平直线偏振光	垂直直线偏振光	45°方向直线偏振光	−45°方向直线偏振光	右旋圆偏振光	左旋圆偏振光
$\begin{bmatrix}1\\0\\0\\0\end{bmatrix}$	$\begin{bmatrix}1\\1\\0\\0\end{bmatrix}$	$\begin{bmatrix}1\\-1\\0\\0\end{bmatrix}$	$\begin{bmatrix}1\\0\\1\\0\end{bmatrix}$	$\begin{bmatrix}1\\0\\-1\\0\end{bmatrix}$	$\begin{bmatrix}1\\0\\0\\1\end{bmatrix}$	$\begin{bmatrix}1\\0\\0\\-1\end{bmatrix}$

不考虑圆偏振度分量时，定义线偏振度为

$$\text{DoLP} = \frac{\sqrt{Q^2 + U^2}}{I} \tag{2.11}$$

在偏振光学领域，偏振光器件的作用是改变入射光的偏振状态，这种改变可以通过斯托克斯参数的变换来描述。斯托克斯参数有 4 个，它们能够全面地描述光的偏振特性，包括总光强、偏振度和偏振方向。这种变换可以通过一个特定的数学工具，即 4×4 的矩阵来表示，这种矩阵被称为米勒矩阵。米勒矩阵是一种强大的数学描述工具，它能够详细地描述光与光学元件之间的相互作用。

当光入射到光学元件表面时，会与光学元件发生作用，可能包括反射、折射、吸收、偏振状态的改变等作用。米勒矩阵记录了产生这些作用后光离开光学元件的状态。M 代表米勒矩阵，它是一个具有 16 个元素的矩阵，每个元素都对应入射光和透射光之间特定的能量交换关系。米勒矩阵的元素的数值是根据光学元件的物理特性和光学行为来确定的。这些元素反映了光学元件对偏振状态不同的光的特性的影响，这些影响包括对光偏振方向的改变、偏振度的调整和可能的相位变化等。通过米勒矩阵可以精确地预测和计算光经过光学元件后的偏振状态，这对于设计和分析光学系统具有重要意义。在实际应用中，米勒矩阵不仅可以用于描述单个光学元件对光的影响，而且可以用于分析由多个光学元件组成的复杂光学系统。通过对各个元件的米勒矩阵进行矩阵乘法运算，可以得到整个光学系统对光的综合作用效果。米勒矩阵还广泛应用于偏振测量技术中。通过测量入射光和透射光的斯托克斯参数，可以构建光学元件的米勒矩阵：

$$S_{\text{out}} = \begin{bmatrix} I \\ Q \\ U \\ V \end{bmatrix}_{\text{out}} = M \cdot S_{\text{in}} = \begin{bmatrix} m_{00} & m_{01} & m_{02} & m_{03} \\ m_{10} & m_{11} & m_{12} & m_{13} \\ m_{20} & m_{21} & m_{22} & m_{23} \\ m_{30} & m_{31} & m_{32} & m_{33} \end{bmatrix} \begin{bmatrix} I \\ Q \\ U \\ V \end{bmatrix}_{\text{in}} \tag{2.12}$$

一般来说，能够产生线偏振光的器件都可以称为偏振器件。偏振片能够改变电场矢量的大小和方向；旋光片能够对电场矢量所在的坐标系进行变换；波片能够改变电场矢量正交分量之间的相位关系。

偏振器件是光学领域中的一类特殊的元件，其核心功能是对光的偏振状态进行调控。一般来说，任何能够将自然光或部分偏振光转换为线偏振光的元件都可以归为偏振器件。偏振片是最常见的偏振器件之一，它的主要作用是，选择性地透过在特定方向振动的光，同时吸收或反射在其他方向振动的光。通过这种方式，偏振片能够改变通过它的光的电场矢量的大小和方向，实现对光偏振状态的控制。偏振片的这一特性使其在偏振控制和偏振分析中扮演着重要角色。

旋光片是另一种类型的偏振器件，它具有特殊的光学活性，能够对通过它的光的电场矢量所在的坐标系进行变换。这种变换通常表现为光在通过旋光片时，其偏振平面发生旋转。

波片又称为相位延迟器或延迟片，是一种能够改变光的电场矢量的正交分量之间相位关系的器件。波片的工作原理基于光在折射率不同的介质中传播时，偏振方向不同的光会获得不同的相位延迟。通过选择制作波片所用的材料和控制波片的厚度，可以调整光的两个正交偏振分量的相位差，实现对光偏振状态的精确调控。

如上所述，米勒矩阵能够对这些偏振器件的作用进行定量描述。米勒矩阵是一个 4×4 的矩阵，它详细记录了偏振器件对光的斯托克斯参数的影响。通过米勒矩阵可以精确地计算出偏振器件对入射光偏振状态的转换结果，以及得到这些转换对光的整体特性的影响。米勒矩阵不仅能够描述单个偏振器件的作用，而且能够通过矩阵乘法来描述多个偏振器件组合在一起时的综合效果，即米勒矩阵能够对这些偏振器件进行定量描述。

设有一线偏振光，其偏振方向平行于 X 轴，沿 Z 轴传输，并且垂直入射至偏振片上，该偏振片最大透过系数为 t_x，相应条件下的最小透过系数为 t_y，则偏振片的特性可用透过系数来表示。

任一偏振光通过偏振片时，在理论状态下有

$$\begin{cases} \boldsymbol{E}_x' = t_x \boldsymbol{E}_x & 0 \leqslant t_x \leqslant 1 \\ \boldsymbol{E}_y' = t_y \boldsymbol{E}_y & 0 \leqslant t_y \leqslant 1 \end{cases} \tag{2.13}$$

式中，$\boldsymbol{E}_x$ 和 $\boldsymbol{E}_y$ 分别为入射光的电场矢量的 X 方向振动分量和 Y 方向振动分量；

$\boldsymbol{E}_x'$ 和 $\boldsymbol{E}_y'$ 分别为经过偏振器件后出射光的电场矢量的 X 方向振动分量和 Y 方向振动分量。

$$\begin{bmatrix} I' \\ Q' \\ U' \\ V' \end{bmatrix} = \begin{bmatrix} \boldsymbol{E}_x' \boldsymbol{E}_x'^* + \boldsymbol{E}_y' \boldsymbol{E}_y'^* \\ \boldsymbol{E}_x' \boldsymbol{E}_x'^* - \boldsymbol{E}_y' \boldsymbol{E}_y'^* \\ \boldsymbol{E}_x' \boldsymbol{E}_y'^* - \boldsymbol{E}_y' \boldsymbol{E}_x'^* \\ i(\boldsymbol{E}_x' \boldsymbol{E}_y'^* - \boldsymbol{E}_y' \boldsymbol{E}_x'^*) \end{bmatrix} = \begin{bmatrix} t_x^2 \boldsymbol{E}_x \boldsymbol{E}_x^* + t_y^2 \boldsymbol{E}_y \boldsymbol{E}_y^* \\ t_x^2 \boldsymbol{E}_x \boldsymbol{E}_x^* - t_y^2 \boldsymbol{E}_y \boldsymbol{E}_y^* \\ t_x t_y \boldsymbol{E}_x \boldsymbol{E}_y^* + \boldsymbol{E}_y \boldsymbol{E}_x^* \\ i t_x t_y (\boldsymbol{E}_x \boldsymbol{E}_y^* - \boldsymbol{E}_y \boldsymbol{E}_x^*) \end{bmatrix} \tag{2.14}$$

则有

$$\begin{bmatrix} I' \\ Q' \\ U' \\ V' \end{bmatrix} = \frac{1}{2} \begin{bmatrix} t_x^2 + t_y^2 & t_x^2 - t_y^2 & 0 & 0 \\ t_x^2 - t_y^2 & t_x^2 + t_y^2 & 0 & 0 \\ 0 & 0 & 2t_x t_y & 0 \\ 0 & 0 & 0 & 2t_x t_y \end{bmatrix} \begin{bmatrix} I \\ Q \\ U \\ V \end{bmatrix} \tag{2.15}$$

I'、Q'、U'、V' 分别为经过偏振片之后出射光的斯托克斯参数。

所以偏振片的米勒矩阵：

$$M = \frac{1}{2}\begin{bmatrix} t_x^2 + t_y^2 & t_x^2 - t_y^2 & 0 & 0 \\ t_x^2 - t_y^2 & t_x^2 + t_y^2 & 0 & 0 \\ 0 & 0 & 2t_x t_y & 0 \\ 0 & 0 & 0 & 2t_x t_y \end{bmatrix} \tag{2.16}$$

对于理想的偏振片，只有一个振动方向可以使偏振光通过（假设是 X 方向），与其正交的另一个振动方向的偏振光将被完全阻隔（假设是 Y 方向），即 $t_x = 1, t_y = 0$，则它的米勒矩阵简化为

$$M = \frac{1}{2}\begin{bmatrix} 1 & 1 & 0 & 0 \\ 1 & 1 & 0 & 0 \\ 0 & 0 & 0 & 0 \\ 0 & 0 & 0 & 0 \end{bmatrix} \tag{2.17}$$

偏振片是一种重要的光学元件，它选择性地允许特定方向的光透过，吸收或反射其他方向的光，实现对光的偏振状态的控制。在偏振片的性能参数中，消光比是一个关键指标，其计算公式为 $\varepsilon = t_y / t_x$。这个比值反映了偏振片对偏振方向不同的光的区分能力，消光比越高，表示偏振片的偏振选择性越好；消光比越低，对系统性能劣化的影响也越严重。

消光比是衡量偏振片性能的一个重要参数，它直接影响偏振片在光学系统中的作用。在实际应用中，如果偏振片的消光比较低，则意味着它不能有效地过滤掉不需要的偏振光，会导致系统性能的劣化，如在偏振成像系统中可能会引起图像的模糊或失真。因此，消光比高的偏振片对于确保偏振光学系统的性能至关重要。

在自然界中，某些材料，如方解石（一种天然晶体）具有优良的偏振特性，它们通常被用来制作偏振棱镜。这些偏振棱镜利用自然材料的双折射特性来分离偏振方向不同的光，被广泛应用于偏振控制和偏振分析中。

偏振器件的类型多样，每种类型都对应独特的工作原理和应用场景。反射型偏振器，如玻片堆，通过堆叠透明的薄片来反射特定偏振方向的光。双折射型

偏振器，如格兰-汤普森棱镜，利用双折射晶体的特性来分离不同的偏振光。二向色性偏振片，如人造偏振片，通过材料的分子结构对不同偏振光的吸收差异来实现偏振选择。散射型偏振片通过光的散射效应来实现偏振分离。金属丝光栅是一种特殊的偏振器件，它通过金属丝的规则排列对特定偏振方向的光产生衍射实现偏振分离。此外，偏振分束器，如沃拉斯顿棱镜和罗雄棱镜，利用光的折射和反射原理将偏振方向不同的光分离成不同的光束。这些偏振器件在光学仪器、成像系统、光通信、遥感探测等领域都有广泛的应用。它们不仅能够提高仪器和系统的偏振控制能力，还能增强仪器和系统的性能。通过选择合适的偏振器件并优化其性能，可以设计出更加高效、精确的光测量系统，满足不同应用场景的需求。

在一些常用的偏振器件的米勒矩阵中，透过轴与 X 轴成 θ 角的完全线偏振片的米勒矩阵为

$$
\boldsymbol{M}=\frac{1}{2}\begin{bmatrix} t_x^2+t_y^2 & (t_x^2-t_y^2)\cos 2\theta & (t_x^2-t_y^2)\sin 2\theta & 0 \\ (t_x^2-t_y^2)\cos 2\theta & (t_x^2+t_y^2)\cos^2 2\theta+2t_xt_y\sin^2 2\theta & (t_x-t_y)^2\cos 2\theta\sin 2\theta & 0 \\ (t_x^2-t_y^2)\sin 2\theta & (t_x-t_y)^2\cos 2\theta\sin 2\theta & (t_x^2+t_y^2)\sin^2 2\theta+2t_xt_y\cos^2 2\theta & 0 \\ 0 & 0 & 0 & 2t_xt_y \end{bmatrix}
$$

$$(2.18)$$

方位角为 θ 的理想偏振片的米勒矩阵为

$$
\boldsymbol{M}=\frac{1}{2}\begin{bmatrix} 1 & \cos 2\theta & \sin 2\theta & 0 \\ \cos 2\theta & \cos 2\theta & \cos 2\theta\sin 2\theta & 0 \\ \sin 2\theta & \sin 2\theta\cos 2\theta & \sin 2\theta & 0 \\ 0 & 0 & 0 & 0 \end{bmatrix}
$$

$$(2.19)$$

方位角为 0，相位延迟了 φ 的相位延迟器的米勒矩阵为

$$
\boldsymbol{M}=\begin{bmatrix} 1 & 0 & 0 & 0 \\ 0 & 1 & 0 & 0 \\ 0 & 0 & \cos\varphi & \sin\varphi \\ 0 & 0 & -\sin\varphi & \cos\varphi \end{bmatrix}
$$

$$(2.20)$$

使偏振光方向旋转了 θ 的旋光器的米勒矩阵为

$$M_\theta = \begin{bmatrix} 1 & 0 & 0 & 0 \\ 0 & \cos 2\theta & -\sin 2\theta & 0 \\ 0 & \sin 2\theta & \cos 2\theta & 0 \\ 0 & 0 & 0 & 1 \end{bmatrix} \qquad (2.21)$$

当入射偏振光连续经过多个光学器件时，其米勒矩阵为式（2.22）所示的形式。其中，M_i（$i=1,2,3,\cdots,n$）为每个元件的米勒矩阵。

$$M = M_n \times M_{n-1} \times \cdots \times M_1 \qquad (2.22)$$

2.1.3 偏振探测机理

通常情况下，我们遇到的电磁辐射是部分偏振的，这意味着电磁辐射中既包含无偏振的成分，又包含具有特定偏振方向的成分。这种部分偏振的特性使得电磁辐射在通过某些介质或经过反射、折射等后，偏振状态会发生变化。斯托克斯矢量作为一种描述光偏振状态的强大工具，具有多个优势。首先，斯托克斯矢量能够直接表征辐射光偏振状态的时间平均状态，这种平均化处理有助于消除瞬时波动带来的影响，使得测量结果更加稳定和可靠。其次，斯托克斯矢量的每个元素都具有相同的单位，这简化了数据处理和分析过程。更重要的是，斯托克斯矢量的各个参数都可以直接通过实验观测得到，它们可以通过对辐亮度或辐射能量进行测量来获得。

辐亮度描述的是辐射源在某一个特定方向上，单位投影表面、单位立体角内的辐射通量。具体来说，它表示在单位立体角下，以及单位波长间隔、单位时间间隔内，通过单位面积的辐射能量的大小。辐亮度对于理解和分析光在特定方向的辐射特性至关重要。当在辐射路径中附加方位角为 θ 的理想起偏器后，出射光的偏振状态会发生变化。理想起偏器的作用是选择性地允许特定偏振方向的光通过，阻挡其他方向的光通过。在这种情况下，出射光的斯托克斯参数会随着理想起偏器的方位角和入射光的偏振状态产生相应的变化。通过测量附加方位角为 θ 的理想起偏器后的斯托克斯参数，可以更深入地了解光的偏振特性，以及理想起偏器对光的偏振状态的影响。斯托克斯参数的测量通常涉及对光的 4 个独立参数的测量，这些参数包括总光强、偏振度、方位角和圆偏振光的描述参数。这些参数可以全面地描述光的偏振状态，包括偏振光的比例、光的偏振方向和形态。附加方位角为 θ 的理想起偏器后，出射光的斯托克斯参数为

$$S' = \begin{bmatrix} I' \\ Q' \\ U' \\ V' \end{bmatrix} = MS = \frac{1}{2}\begin{bmatrix} 1 & \cos 2\theta & \sin 2\theta & 0 \\ \cos 2\theta & \cos 2\theta & \cos 2\theta \sin 2\theta & 0 \\ \sin 2\theta & \sin 2\theta \cos 2\theta & \sin 2\theta & 0 \\ 0 & 0 & 0 & 0 \end{bmatrix}\begin{bmatrix} I \\ Q \\ U \\ V \end{bmatrix} \tag{2.23}$$

式中，S 表示入射光的斯托克斯矢量；

S' 表示通过起偏器后出射光的斯托克斯矢量。

则观测到的辐亮度可表述为

$$I' = \frac{1}{2}(I + Q\cos 2\theta + U\sin 2\theta) \tag{2.24}$$

在进行光学测量时，如果忽略圆偏振分量，则可以通过测量光在 3 个偏振方向上的强度来准确地确定其线偏振状态。测量不同方位角下的偏振光强度后，利用这些测量值的组合来计算斯托克斯参数中的各个分量，即 I、Q、U。在实际应用中，有几种常见的测量偏振光强度的方法，它们通过特定的方位角组合来进行测量。通常采用（0°,60°,120°）和（0°,45°,90°,135°）两种方位角组合。这两种方法各有优势，可以根据具体的测量需求和条件来选择最合适的方法。当采用（0°,60°,120°）方位角组合进行测量时，可以通过测量这 3 个角度下的光偏振强度来构建一个方程组，求解出斯托克斯参数中的 I、Q、U。这种方法的优点在于，通过 3 个角度的测量可以有效地减少测量误差，提高测量结果的准确性。同时，这种测量方式也便于实现自动化和标准化，使得测量过程更加高效、测量结果更加可靠。对于（0°,60°,120°）方位角组合，可得

$$\begin{cases} I = \dfrac{2}{3}(I_0 + I_{60} + I_{120}) \\ Q = \dfrac{2}{3}(2I_0 - I_{60} - I_{120}) \\ U = \dfrac{2\sqrt{3}}{3}(I_{60} - I_{120}) \end{cases} \tag{2.25}$$

对于（0°,45°,90°,135°）方位角组合，可得

$$\begin{cases} I = I_0 + I_{90} \\ Q = I_0 - I_{90} \\ U = 2(I_{45} - \dfrac{1}{2}I_0 - \dfrac{1}{2}I_{90}) \end{cases} \tag{2.26}$$

或者

$$\begin{cases} I = \dfrac{1}{2}(I_0 + I_{90} + I_{45} + I_{135}) \\ Q = I_0 - I_{90} \\ U = I_{45} - I_{135} \end{cases} \tag{2.27}$$

通过求斯托克斯参数来求得入射光的线偏振度和偏振方位角。

入射光偏振状态测量方法多种多样，本书介绍的多通道偏振辐射计基于 Fessenkov's method 的（0°,60°,120°）方位角组合测量入射光的偏振状态。

2.2 多通道偏振辐射计系统介绍

本书介绍的多通道偏振辐射计属于同时偏振探测系统，并且是具有多光谱能力的分孔径同时偏振探测系统。具体来说，多通道偏振辐射计能够通过单一的曝光过程同时捕获目标在多个波长通道和多个偏振方位的辐射信息。与传统的单通道偏振辐射计相比，多通道偏振辐射计的设计稍显复杂，技术要求也更高。它通常由多个独立的探测通道组成，每个通道都能独立地测量特定波长的光强。这些通道通过精密的光学系统相互连接，确保测量数据的同步性和一致

性。同时，每个通道还配备了专门的偏振滤光片，用于选择性地测量特定偏振方向的辐射能量。多通道偏振辐射计的分孔径设计允许该仪器在不同的空间位置同时测量辐射能量，提高了测量的效率和准确性。分孔径设计使得多通道偏振辐射计能够在复杂的大气环境中准确地获取目标参数，如气溶胶的光学厚度、云层的光学特性等。多通道偏振辐射计是一种精简型的主要用于获取特定环境下大气参数的仪器。精简型设计使得该仪器更加轻便，易于携带和布置，特别适合在特定的环境下使用。例如，在野外观测、环境监测或者航空航天领域，多通道偏振辐射计可以快速、准确地获取所需的大气参数，为科学研究和实际应用提供重要的数据支持。

为了在光谱测量领域实现更宽广的波段覆盖，以及获取更为精确的信息，多通道偏振辐射计经过精心设计，具备了能够覆盖 $0.49\sim2.25\mu m$ 波段太阳反射光的能力。这一光谱范围是通过 5 个精心设计的偏振探测波段来实现的，它们共同工作以确保光谱信息的全面性和准确性。在偏振解析方向上，该仪器采用了 0°、60° 和 120° 这 3 个经过优化的角度，允许该仪器在不同的偏振状态下对目标进行测量，更全面地分析和理解目标的偏振特性。该仪器通过多角度的偏振测量可以更准确地获取目标的偏振信息。

在光信号转换过程中，多通道偏振辐射计采用低噪声跨导型前放电路设计。这种电路设计能够有效地将接收到的光信号转换为电信号，同时确保信号的质量和保持低噪声水平。三检偏振通道的同步采集是通过独立的信号处理和采保电路来实现的。该仪器有精确的温度控制功能，通过精确控制短波红外波段探测器的工作温度，可以显著降低暗电流的波动，提高暗电流的稳定性。这一措施对于确保短波红外波段的偏振和辐射测量精度至关重要，因为它可以减少由暗电流波动带来的测量误差，确保测量结果的准确性。此外，图 2.1 所示为多通道偏振辐射计的外形，通过图 2.1 读者能够直观地了解该仪器的外观结构和设计特点。图 2.1 不仅展示了该仪器的整体布局，而且突出了其关键部件和功能模块，便于读者了解仪器的工作原理和操作方式。

图 2.1　多通道偏振辐射计的外形

2.2.1　光学系统介绍

多通道偏振辐射计是一种精密的光学测量设备，它具有一种创新的多光谱分孔径同时测量结构。这种结构允许该仪器在一次测量过程中同时获取多个波段的光谱数据，大大提高了测量的效率和准确性。图 2.2 为多通道偏振辐射计光学子系统的组成框图，该图清晰地展示了各个组件的布局和相互关系。该系统主要用于对大气气溶胶参数进行反演分析。为了实现这一目标，波长经过精心挑选，主要集中在近紫外到短波红外的多个大气窗口区域。这些波长包括 490nm、670nm、870nm、1600nm、2200nm。1600nm 和 2200nm 的短波红外窗口由于受大气气溶胶消光效应的影响较弱，因此被用于实现地表和大气的辐射特性解耦。

根据偏振遥感测量的基本原理，为了获得不完全的斯托克斯矢量，需要对一个波长至少进行三次测量。多通道偏振辐射计采用（0°,60°,120°）三偏振方位测量方式，可以确保从不同偏振方向获取数据，更全面地分析目标的偏振特性。三偏振检偏器的透光轴以 60°等间隔分布，这种设计有助于提高测量的均匀性和一致性。

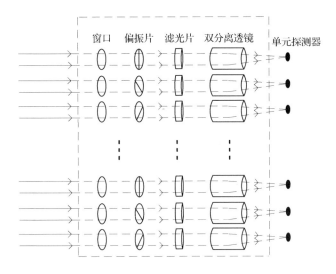

图 2.2　多通道偏振辐射计光学子系统的组成框图

　　在光学设计方面，所有通道都采用双分离透镜。这种设计可以有效避免胶合层在辐射环境下退化，确保光学系统的长期稳定性和可靠性。集光单元包括物镜和双分离透镜。辐射测量通道的设计也非常关键。在这一通道中，滤光片被放置在双分离透镜之前，确保只有特定波长的光辐射信息通过。这些光辐射信息在通过滤光片后被 Si 探测器、InGaAs 光伏探测器等高性能探测器接收。随后，这些探测器将接收到的光信号转换为电信号，并通过电路部分对电信号进行处理和输出。在设计过程中考虑滤光片的偏振效应，偏振片位于双分离透镜和滤光片之前，探测器为单元探测器。偏振片可以有效地调整进入系统的光的偏振状态，提高测量的准确性。探测器为单元探测器的设计有助于提高系统的灵敏度和测量结果的分辨率。此外，像元瞬时视场被设计为（$0.707° \pm 0.07°$），这种精确的视场设计可以提高测量结果的空间分辨率，使该仪器能够在较小的尺度上进行精确的测量。

　　在多通道偏振辐射计设计中，所有通道均采用了一种特殊的镜头——双分离透镜。这种镜头的材料为熔石英，它是一种具有优良光学性能和机械强度的材料，适用于精密光学仪器。熔石英的高透明度和低热膨胀系数使其成为在复杂环境下保持光学性能稳定的理想选择。

在双分离透镜的前方，设计者放置了滤光片和偏振片。这种布局方案基于以下几个重要的原因。首先，双分离透镜的结构简单、可靠。它不采用胶合透镜，这意味着可以避免在辐射环境下可能发生的胶合层退化甚至脱落的风险。胶合层退化或脱落可能会严重影响光学系统的成像质量和测量精度。其次，虽然双分离透镜的主要功能是成像，但是它们还承担着辐射测量的重要任务。镜组过于复杂，虽然其有可能提升成像质量，但是也有可能引入偏振效应、视场内照度不均匀等问题。这些问题对于辐射测量来说可能是不利的。因此，设计者选择了一种更为简洁的双分离透镜方案，尽管这种方案可能会带来一些较大的像差，但是这些像差对辐射测量的影响是微乎其微的。最后，应考虑光学部分的体积和空间要求。为了尽可能压缩光学部分的体积，使其结构更加紧凑，设计者采用这种双分离透镜方案。光学部分的长度被严格控制在60mm以内（包括60mm），这不仅有助于减小整个仪器的体积，而且便于在有限的空间内实现高效的布局和集成。

此外，这种布局方案还有助于提高多通道偏振辐射计的稳定性和耐用性。由于减少了胶合透镜的使用，整个系统的维护成本和复杂性也有所降低。在实际应用中，这意味着多通道偏振辐射计可以更加可靠地在各种环境下运行，不需要被频繁地维护和调整。在滤光片和偏振片的选择上，设计者同样进行了精心的考量。滤光片用于选择特定波长的光，以确保只有所需的光能够透过滤光片并被探测器接收。偏振片用于调整光的偏振状态，这对于获取准确的偏振测量数据至关重要。总的来说，双分离透镜结合滤光片和偏振片的合理布局，为多通道偏振辐射计提供了一种高效、稳定且紧凑的光学问题解决方案。这种设计不仅满足了辐射测量的精度要求，而且考虑了多通道偏振辐射计的实用性和维护性，使多通道偏振辐射计成为一种较为理想的大气气溶胶参数反演仪器。

在多通道偏振辐射计的光学设计中，镜组的膜系选择也至关重要。为了提高透光率并减少反射损失，双分离透镜采用典型的四层减反膜技术。这种技术能够有效地降低不同波长的光在双分离透镜表面的反射率，提高光学系统的传输效率和成像质量。四层减反膜由多层薄膜组成，每层薄膜的厚度和折射率都经过了精确计算。另外，不对外层表面进行镀膜处理，这是为了防止膜层在辐射环境下遭受损伤。在恶劣的辐射环境下，膜层可能会退化或脱落，会严重影响光学系统的性能。因此，设计者选择了不镀膜的方案，以确保外层表面在辐射环境下的稳定性和耐久性。

在选择材料和表面处理工艺时，设计者充分考虑了它们的真空放气特性。这是因为在高真空环境下，材料可能会释放气体，这些气体可能会在双分离透镜表面沉积，形成污染层，影响多通道偏振辐射计的光学性能。为了避免出现这种情况，选用的材料和表面处理工艺都经过了严格的筛选和测试，以确保它们在真空环境下具有低放气率，减少对光学系统的潜在影响。

为了进一步提高光学系统的性能，设计者还考虑了消除杂散光的方法。杂散光是由光学系统中的反射、散射和衍射等非理想光学现象引起的，它会降低成像质量并引入噪声。为了减少系统内部的杂散光，设计者采取了以下措施。

（1）在光学镜片的边缘机械安装面上涂覆专用的黑色漆。这种黑色漆能够吸收大部分入射光，减少从边缘反射的杂散光。

（2）根据光在光学系统中的传播方向，在双分离透镜镜筒内壁做出不同类型的纹理。这些纹理可以散射入射光，降低双分离透镜镜筒内壁的反射率，减少杂散光的产生。

（3）采用特制的前置消除杂散光光阑。这种光阑用于阻挡非轴向光，降低它们进入光学系统的可能性，减小杂散光的影响。

通过这些设计，多通道偏振辐射计的光学系统能够更有效地抑制杂散光，提高成像质量和测量精度。这些设计不仅考虑了光学性能的提升，而且兼顾了光学系统的稳定性和耐久性，确保多通道偏振辐射计在真空辐照环境下保持良好的性能。

2.2.2 硬件介绍

如图 2.3 所示，多通道偏振辐射计包括光机头部和电控箱两部分。光机头部和电控箱共同协作以实现仪器的功能。光机头部是仪器的光学核心，它采用板拼式结构设计，这种设计不仅便于组装和维护，而且结构紧凑，有助于减小仪器的体积和重量。在材料选择上，其主要选用航空航天领域常用的铝合金，这种材料以质轻、强度高和热稳定性良好而著称，非常适用于航空航天仪器的制造。电路板被精心安装在多通道偏振辐射计的下部，这样做可以有效地利用空间，同时保持电路的稳定性和可访问性。而光学镜头部分则位于多通道偏振辐射计的上部，这一布局有助于直接接收和聚焦光信号，为后续的光电转换做准备。光机头部包括遮光筒、光学系统和部分电路。遮光筒的作用是保护光学系统免受外界杂散光的干扰，确保只有目标光信号进入系统中。光学系统负责收集目标光信号，并通过精密的光学元件对光信号进行聚焦和过滤，为光电转换环节提供高质量的光输入。部分电路则负责将光信号转换为电信号。

电控箱是仪器的电子学核心，它包含探测器模拟信号处理模块、主控模块、电源配电模块和短波红外探测器温控模块。探测器模拟信号处理模块负责对来自光学系统的电信号进行初步处理，包括放大、滤波等处理，以提高信号的质量。模数转换器将经过处理的模拟信号转换为数字信号，为数字信号的处理提供基础。主控模块中的主控制器是电控箱的大脑，负责协调和管理多通道偏振辐射计的工作流程，包括信号的采集、处理、存储和传输等。短波红外探测器温控模块专门负责使探测器保持最佳工作温度，以保证测量的稳定性和准确性。电源配电模块为多通道偏振辐射计提供稳定和可靠的电力供应，确保各个模块能够正常工作。

　　总的来说，多通道偏振辐射计的设计充分考虑了光学性能和电子学性能的平衡，通过精心的结构布局和材料选择，实现了该仪器的高性能和高可靠性。无论是光机头部的光信号收集和转换，还是电控箱的信号处理和组织，每个部分都发挥着不可或缺的作用，共同确保该仪器正常工作。

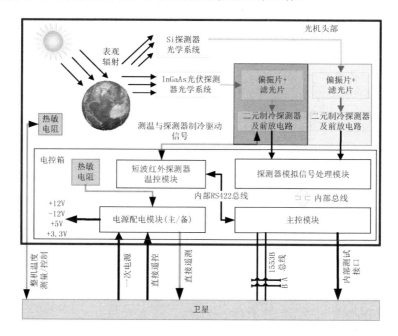

图 2.3　多通道偏振辐射计系统组成图

　　多通道偏振辐射计的核心是两类探测器光学系统：Si 探测器光学系统和 InGaAs 光伏探测器光学系统，它们分别针对不同波段的光谱进行大气多光谱偏振信息测量。Si 探测器光学系统用于捕捉可见光和近红外波段的光谱信息。这两个波段对于大气成分分析和地表特性研究至关重要。Si 探测器光学系统因在这两个波段的高量子效率和良好的信噪比而被选用，能够提供高质量的偏振测量数据。InGaAs 光伏探测器光学系统则用于捕捉短波红外波段的光谱信息。这个波段对于探测大气中的某些特定气体和水汽含量具有独特的优势。InGaAs 光伏探测器光学系统对短波红外波段的光谱具有高灵敏度，是一种理想选择。

　　探测器模拟信号处理模块是系统的一个关键组成部分，它的主要任务是完成对光机头部探测器模拟信号的放大和处理。此模块包括精密的放大电路，它们对探测器提供的信号进行增益调节和滤波，确保信号的质量满足后续处理的需求。短波红外探测器温控模块的功能是使探测器的温度保持稳定。对于 InGaAs 光伏探测器光学系统来说，这一点尤为重要，因为其性能对温度非常敏感。通过精确控制探测器的温度，可以有效地控制暗电流，降低噪声，提高信噪比和测量的准确性。主控模块是系统的中枢，负责协调和管理各个子模块的工作。它与卫星总体进行通信，确保数据的顺利传输和接收。同时，主控模块还与短波红外探测器温控模块进行通信，以监控和调节探测器的温度。此外，主控模块还负责采集探测器信号，这是数据获取和处理的第一步。主控模块的设计考虑了系统的可靠性和稳定性。其设计采用了先进的数据处理算法和通信协议，以确保系统在各种环境下都能保持高效的工作状态。主控模块通过实时监控系统的状态，能够及时发现并处理潜在的问题，保证系统的持续运行。

在多通道偏振辐射计中，其每个组成部分都被赋予了明确的功能和任务。从 Si 探测器光学系统和 InGaAs 光伏探测器光学系统的光谱测量，到探测器模拟信号处理模块的模拟信号处理，以及短波红外探测器温控模块的信号调节和温度控制，再到主控模块的数据采集和通信协调，每个环节都紧密相连。

2.2.3　软件介绍

多通道偏振辐射计的软件是其正常运行和数据处理的关键部分，它由两个核心软件构成：主控软件和探测器温控 FPGA 软件。这两个软件协同工作，确保了仪器的高效和稳定运行。主控软件是多通道偏振辐射计的大脑，负责对整个系统进行管理和控制。其主要功能是通过 1553B 总线与数据管理系统（数管）进行通信。这涉及一种标准化的串行通信协议，该协议被广泛应用于航空航天领域，以其高可靠性和强错误检测能力而著称。主控软件通过这条通信链路接收数管发送的数据指令和校时信息，这些信息对于确保数据的准确性和时间同步至关重要。此外，主控软件还负责向数管发送科学数据、工程参数数据和状态参数数据。这些数据不仅包括探测器采集到的科学测量结果，而且包括仪器的运行状态数据和性能参数数据，它们对于监控仪器和维护仪器的正常运行非常重要。主控软件还承担着采集探测器科学数据的任务。这些数据是多通道偏振辐射计的核心产出，需要被精确地采集、记录和传输。为了实现这一目标，主控软件集成了高效的数据采集模块，能够处理高频率的科学数据流，并确保数据的完整性和准确性。同时，主控软件还向探测器温控现场可编程门阵列（Field Programmable Gate Array，FPGA）软件发送控制指令。这些指令用于调节和控制探测器的温度，以保证其在最佳状态下工作。温度控制对于探测器的性能至关重要，特别是对于敏感的光电二极管和放大电路来说，温度的微小变化都可能会影响测量结果。探测器温控FPGA 软件是另一个关键的软件，它的主要功能是对探测器的温度进行实时监控，并控制温控驱动电路。探测器温控 FPGA 软件可以通过软件编程实现特定的逻辑功能。在这里，探测器温控 FPGA 软件通过精确控制温控电路，使探测器的温度保持在一个稳定的范围内，抑制暗电流的波动，提高信噪比。探测器温控 FPGA 软件还通过串口与主控软件进行通信，接收来自主控软件的指令，并根据这些指令调整温控策略。同时，它还将温控电路的状态反馈给主控软件，使主控软件能够实时监控温控系统的状态，并在必要时对其进行调整。探测器温控 FPGA 软件和硬件的紧密集成使得多通道偏振辐射计能够在复杂的环境下稳定运行。无论是在剧烈的温度变化条件下，还是在强烈的辐射环境下，探测器温控 FPGA 软件都能确保探测器的性能不受损害，保证数据的质量和可靠性。

多通道偏振辐射计软件结构如图 2.4 所示。

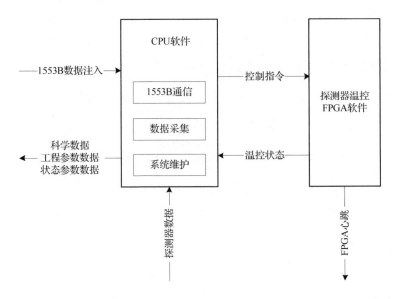

图 2.4　多通道偏振辐射计软件结构

第3章

多通道偏振辐射计影响偏振测量精度的关键因素分析

测量仪器的实际状态和理论设计状态往往会存在一定的偏差，定标往往用于校正这些偏差，提高仪器的测量精度。定标常常基于测量模型，不同的仪器有不同的测量原理和测量模型，分析仪器自身的特点，科学、合理地建立测量模型是定标的前提，也是保证测量精度的根本。想得到高偏振测量精度，需要考虑的误差项的数量呈现几何级数上升趋势。针对每种误差都要仔细从源头进行分析，会使分析变得非常复杂。结合定标，从仪器的偏振探测矩阵出发，控制偏振探测矩阵中的每个未知参数误差的容限，使最终的测量误差降低，是将问题简化的一种思路。本章主要推导了用于偏振定标的偏振探测矩阵，通过建模分析了多通道偏振辐射计偏振测量精度的多种影响因素，通过仿真了关键参数的影响结果，提出了相应的工程容差范围，为偏振测量精度的提高提供参考。

3.1 偏振探测矩阵

多通道偏振辐射计属于分孔径同时测量系统，通过分孔径同时测量技术获取目标的偏振特性。这种设计允许同时从多个角度和光谱波段收集数据，可提供更全面的偏振信息。偏振定标是一个至关重要的环节，它涉及对传感器系统中影响矢量辐射传输的各个物理参数进行精确定标。偏振定标精度直接关系着偏振遥感信息反演的准确性，是实现大气参数高精度反演的基础，因为偏振遥感信息可以提供大气成分、云层特性和气溶胶分布等关键信息。偏振定标的过程通常比强度定标的过程更复杂，实现起来也更具有挑战性。

在国际上，如 POLDER 探测器和 APS 等偏振辐射计的偏振定标工作都是基于各自系统的特点进行的，考虑了引入偏振效应的主要因素，并通过分析探测器的探测量与入射光斯托克斯分量之间的数学关系，建立了系统的偏振探测矩阵。根据这一矩阵，可以进一步通过偏振定标过程求得系统的未知参数。

在深入研究多通道偏振辐射计的偏振定标方法时，首要任务是充分了解该仪器的核心能力，即多光谱分孔径同时探测能力。这要求结合偏振光学和辐射度学的理论基础，对可能影响偏振测量结果的各种因素进行全面的分析，包括光的偏振状态、探测器的响应特性、系统的光学布局和环境因素等。

对这些因素进行细致的分析后，可以构建一个包含偏振定标系数的偏振探测矩阵。此矩阵可以描述偏振探测系统是如何响应不同偏振光的。偏振定标系数代表多通道偏振辐射计对偏振光的响应值与实际辐射强度之间的比例关系，对于判断偏振测量结果的准确性至关重要。

接下来，必须对偏振探测矩阵中的各个组成部分进行深入分析，特别是那些可能导致测量结果出现偏差的因素，包括探测器的非线性响应、光学元件的偏振依赖性，以及环境变化对测量结果的影响等，通过深入分析可以识别影响偏振测量精度的关键参数，评估可能的测量误差。

为了进一步研究这些偏振定标系数，设计和进行具体的实验是必不可少的。这些实验通常涉及已知偏振特性的光源，通过记录探测器的响应值并将其与理论模型进行比较，可以求解偏振探测矩阵中的未知偏振定标系数。这个过程可能需要多次迭代，以确保偏振定标系数的准确性和可靠性。

此外，在实验过程中还需要对影响偏振测量精度的关键因素进行闭环控制，意味着需要实时监测这些因素，并根据反馈信息调整实验条件，确保测量结果的可靠性。闭环控制是提高偏振测量精度的重要手段，可以帮助我们及时发现和纠正可能的偏差。

为了验证偏振定标方法的有效性，使用偏振度可调的光源进行一系列实验。这种光源可以提供从线偏振状态到圆偏振状态等各种偏振状态的辐射，能够全面测试偏振定标方法的准确性和鲁棒性。通过这些实验可以评估偏振定标方法在不同条件下的应用效果，并对其进行必要的优化和改进。

综上，在研究多通道偏振辐射计的偏振定标方法时，首先，根据多光谱分孔径同时探测系统的特点，结合偏振光学理论和辐射度学理论，分析影响偏振探测系统偏振效应的主要因素，推导带有偏振定标系数的偏振探测矩阵；其次，对偏振探测矩阵中会导致最终测量结果产生变化的因素进行分析，分析其量值及测量误差的指标值；再次，设计具体实验，求解偏振探测矩阵中的未知偏振定标系数，并对影响偏振测量精度的关键因素进行验证；最后，利用偏振度可调的光源对偏振定标方法进行验证。

在偏振探测系统的各偏振通道中，偏振片后的光学器件有滤光片和双分离透镜。当偏振度为 P_{in}、偏振朝向角为 χ、辐亮度为 I 且没有圆偏振分量的入射光入射到该系统中时，该系统的响应值为 DN^k（$k=0$、1、2，代表 3 个检偏通道）。由于单像元瞬时视场较小，光学系统可以被认为是近轴理想光学系统，引入偏振误差的因素主要是双分离透镜的安装应力、偏振片的消光比，装配误差会导致检偏器透过轴方位角出现偏差、各通道间不一致。根据 Smith 的方法可知，当入射角趋于 0，即接近垂直入射时，相位延迟也趋于 0，计算时可以忽略影响，故该系统的相对光谱响应度 $r_k(\lambda)$ 和入瞳处的光谱辐亮度 $L(\lambda)$ 之间的关系为

$$DN^k = \int_{\lambda_{min}}^{\lambda_{max}} L(\lambda) r_k(\lambda) R_m^k \left[1 + P_{in}(1 - 2/e_k)\cos 2(\alpha_k - \chi) \right] d\lambda + DC^k \qquad (3.1)$$

式中，DC^k 为各通道的暗电流响应值；

e_k 为各通道偏振片的消光比；

α_k 为各通道相对于参考坐标系的偏振解析方向,即检偏器透过轴方位角;

λ_{min} 和 λ_{max} 分别为系统有响应的最短波长和最长波长;

R_m^k 为峰值光谱响应率。

若定义相对积分光谱响应度(某一波长处绝对光谱响应度与最大光谱响应度的比值)大于 1%的光谱波段为带内光谱波段,λ_l 和 λ_u 分别为带内光谱波段的下限波长和上限波长,其余的光谱波段为带外光谱波段,则式(3.1)可以转化为式(3.2)。式中,S_{OOB}^k(k=0、1、2)为各通道的带外响应值。

$$\mathrm{DN}^k = \int_{\lambda_l}^{\lambda_u} L(\lambda) r_k(\lambda) R_m^k \left[1 + P_{in}(1 - 2/e_k)\cos 2(\alpha_k - \chi)\right] \mathrm{d}\lambda + S_{OOB}^k + \mathrm{DC}^k \quad (3.2)$$

若采用的偏振片的消光比较大($e_k > 10^4$),$(1 - 2/e_k) > 0.9998 \approx 1$,则式(3.2)可以转化为式(3.3)。

$$\mathrm{DN}^k = \int_{\lambda_l}^{\lambda_u} L(\lambda) r_k(\lambda) R_m^k \left[1 + P_{in}\cos 2(\alpha_k - \chi)\right] \mathrm{d}\lambda + S_{OOB}^k + \mathrm{DC}^k \quad (3.3)$$

其中,

$$S_{OOB}^k = \int_{\lambda_{min}}^{\lambda_l} L(\lambda) r_k(\lambda) R_m^k \left[1 + P_{in}\cos 2(\alpha_k - \chi)\right] \mathrm{d}\lambda$$
$$+ \int_{\lambda_u}^{\lambda_{max}} L(\lambda) r_k(\lambda) R_m^k \left[1 + P_{in}\cos 2(\alpha_k - \chi)\right] \mathrm{d}\lambda$$

相对光谱响应率为该系统的相对光谱响应率,涉及滤光片的光谱特性、偏振片的光谱特性、探测器的光谱特性,以及系统其他组件的光谱特性。这些光谱特性可以通过单色仪测得。

根据辐射度学理论定义各通道的绝对响应度为 R_k(k=0、1、2)。它与入射光的偏振状态无关,仅与该系统的光谱特性有关,可以通过非偏振光入射至该系统中时入瞳处的平均光谱辐亮度求得,即

$$R_k = \frac{\overline{\mathrm{DN}}^k}{L_{BSR}^k(\lambda)} \quad (3.4)$$

式中,$L_{BSR}^k(\lambda)$ 为非偏振光入射至该系统中时入瞳处的平均光谱辐亮度($\mu W \cdot cm^{-2} \cdot$

$sr^{-1} \cdot nm^{-1}$ ）。

若 $L(\lambda)$ 为该非偏振光在某一波长 λ 处的光谱辐亮度（ $\mu W \cdot cm^{-2} \cdot sr^{-1} \cdot$ nm^{-1} ），则

$$L_{BSR}(\lambda) = \frac{\int_{\lambda_l}^{\lambda_u} L(\lambda) r(\lambda) d\lambda}{\int_{\lambda_l}^{\lambda_u} r(\lambda) d\lambda} \tag{3.5}$$

建立各通道的绝对响应度 R_k（k=0、1、2）与非偏振光入射至该系统中时入瞳处的平均光谱辐亮度的定量化光学关系，即

$$R_k = \frac{\overline{DN}^k}{L_{BSR}^k(\lambda)} = \frac{\frac{1}{n}\sum_{\lambda_i=1}^{\lambda_i=n}\left(DN_{\lambda_i}^k - DC_{\lambda_i}^k - S_{OOB}^k\right)\int_{\lambda_l}^{\lambda_u} r_k(\lambda) d\lambda}{\int_{\lambda_l}^{\lambda_u} L_s^k(\lambda) r_k(\lambda) d\lambda} \tag{3.6}$$

式中， $\overline{DN}^k$ 为非偏振光入射至该系统中时扣除本底后的系统响应平均值；

$DN_{\lambda_i}^k$ （k=0、1、2）为非偏振光入射至该系统中时各通道进行多次测量时系统单次响应值；

$DC_{\lambda_i}^k$ 为系统各通道的本底信号。

以检偏器透过轴方位角为 0° 的通道为参考偏振通道， T_1 和 T_2 分别为检偏器透过轴方位角与 x 轴夹角为 60° 及 120° 的偏振通道和参考偏振通道在理想情况下响应度的比值，即检偏通道归一化响应度，它们可以通过绝对响应度求得，即

$$\begin{cases} T_0 = 1 \\ T_1 = R_1/R_0 \\ T_2 = R_2/R_0 \end{cases} \tag{3.7}$$

在任何情况下， T_0 都为 1。如式（3.3）所示，当任意偏振状态的光入射至该系统中时，引入单个通道的绝对响应度，可得

$$DN^k = L_{bsw}(\lambda) R_k \left[1 + P_{in} \cos 2(\alpha_k - \chi)\right] + S_{OOB}^k + DC^k \tag{3.8}$$

式中，$L_{bsw}(\lambda)$ 为任意偏振状态的光入射至该系统中时入瞳处的平均光谱辐亮度。在不考虑圆偏振分量时，多通道偏振辐射计入瞳处的光的斯托克斯参数为

$$\begin{bmatrix} I \\ Q \\ U \end{bmatrix} = I \begin{bmatrix} 1 \\ P_{in}\cos 2\chi \\ P_{in}\sin 2\chi \end{bmatrix} = \frac{1}{L_{bsw}(\lambda)} \begin{bmatrix} 1 & \cos 2\alpha_0 & \sin 2\alpha_0 \\ 1 & \cos 2\alpha_{60} & \sin 2\alpha_{60} \\ 1 & \cos 2\alpha_{120} & \sin 2\alpha_{120} \end{bmatrix}^{-1} \begin{bmatrix} (DN^0 - S_{OOB}^0 - DC^0)/R_0 \\ (DN^1 - S_{OOB}^1 - DC^1)/R_1 \\ (DN^2 - S_{OOB}^2 - DC^2)/R_2 \end{bmatrix}$$

（3.9）

将式（3.7）代入式（3.9）中可得

$$\begin{bmatrix} I \\ Q \\ U \end{bmatrix} = \frac{1}{R_0 L_{bsw}(\lambda)} \begin{bmatrix} 1 & \cos 2\alpha_0 & \sin 2\alpha_0 \\ 1 & \cos 2\alpha_{60} & \sin 2\alpha_{60} \\ 1 & \cos 2\alpha_{120} & \sin 2\alpha_{120} \end{bmatrix}^{-1} \begin{bmatrix} (DN^0 - S_{OOB}^0 - DC^0) \\ (DN^1 - S_{OOB}^1 - DC^1)/T_1 \\ (DN^2 - S_{OOB}^2 - DC^2)/T_2 \end{bmatrix}$$

（3.10）

利用式（3.9）或式（3.10）中的斯托克斯参数，以及式（3.11）和式（3.12）即可测得偏振光的偏振状态，即

$$P_m = \frac{\sqrt{Q^2 + U^2}}{I}$$

（3.11）

$$\tan 2\chi = \frac{U}{Q}$$

（3.12）

3.2 影响偏振测量精度的关键因素

偏振测量在遥感领域中扮演着重要角色，能够提供目标表面特性、大气条件和散射特性等信息。与一般的辐射测量相比，偏振测量有特殊的要求和复杂性。理想的偏振测量条件是使用同一探测系统在完全相同的时刻对同一目标进行测量，可以确保获取的偏振测量数据具有高度的一致性和可比性。然而，在实际应用中，由于技术的限制和环境因素，很难具备这一理想条件。因此，在设计和实施偏振测量时，往往需要对多个方面进行权衡，以确定哪些条件可以优先满足，哪些条件可以适当放宽，在一定程度上实现理想的偏振测量。

偏振测量系统的同时探测技术有很多种，包括分孔径、分振幅、分焦平面等。这些探测技术的核心思想是实现对同一目标的同时探测，即在不同的偏振状态下几乎同时获取数据。分孔径同时探测技术通过在光学系统中设置多个独立的孔径来实现对目标的多个视点探测。分振幅同时探测技术是将入射光分成多个部分，每个部分对应不同的偏振状态。分焦平面同时探测技术是在焦平面上设置多个探测器，每个探测器对应不同的偏振方向。这些同时探测技术的优势在于它们能够显著减少或消除由分时探测带来的问题。在分时探测中，由于探测不是同时进行的，因此目标或环境可能会在探测过程中发生变化，导致获得的数据不一致。同时探测技术可以有效避免这种情况，确保所有测量都是在相同环境条件下进行的。同时探测技术还是实现高精度偏振测量的有效方式，不仅可以减少由时间差异引起的误差，而且可以通过同步数据采集和处理来提高测量的准确性和可靠性。此外，同时探测技术还可以提供更为丰富的数据，有助于研究人员进行更深入的分析和研究。

在设计偏振测量系统时，需要考虑如何优化系统的结构和性能，以适应不同的应用场景和测量需求。这可能涉及对光学元件、探测器、信号处理电路和其他关键组件的精心选择和配置，同时还需要开发高效的数据处理算法，以充分利用同时探测技术提取有价值的偏振测量信息。

多通道偏振辐射计是一种采用分孔径同时探测技术的系统，通过在光学系统中设置多个独立的孔径实现对同一目标多个视点的探测。分孔径同时探测技术也带来了一系列挑战，尤其是在确保不同通道间的一致性方面。

应用分孔径同时探测技术进行探测时，同一波段内不同偏振方位的若干通道间可能存在不一致性。这种不一致性可能涉及光谱维、辐射维、空间维等多个方面，成为影响偏振测量精度的关键因素。例如，在光谱维上，不同通道的光谱响应函数可能存在差异；在辐射维上，不同通道对同一辐射源的响应可能不一致；在空间维上，不同通道的视场和空间分辨率可能不同。这些不一致性都可能导致最终的测量结果产生偏差，影响测量结果的准确性。

除了通道间的不一致性，偏振测量过程还可能受到仪器各组件非理想性的影响。这些非理想性的影响可能包括光学元件的制造误差、探测器的非线性响应、电子电路的噪声等。这些因素都可能导致偏振测量结果偏离理想值，引入额外误差。

想要实现高偏振测量精度，需要对每种误差从源头进行仔细分析，无疑会使误差分析变得非常复杂。

偏振测量的特殊性在于，通常需要通过若干个通道或者若干次测量才能获得一次完整的测量结果，这是因为偏振信息通常需要通过比较不同偏振状态下的辐射强度来获得。因此，每次偏振测量都需要在不同的偏振状态下重复进行，增加了偏振测量的复杂性和误差的来源。

为了解决这些问题，一种有效的思路是结合定标，从仪器的偏振探测矩阵出发，对每一个未知参数的误差容限进行严格控制。偏振探测矩阵描述了探测器响应值与实际辐射强度之间的关系，通过精确控制偏振探测矩阵中的参数，可以有效减小误差。

具体来说，可以通过以下几个步骤来实现这一目标。

（1）建立精确的偏振探测矩阵模型，该模型包括所有已知和未知参数。

（2）通过实验和理论分析确定每个未知参数的可能取值范围和误差容限。

（3）设计和实施精确的偏振定标过程，以确定每个未知参数的具体值。

（4）对偏振定标结果进行验证和校正，确保准确性和可靠性。

（5）在实际测量过程中，根据偏振定标结果来校正测量数据，减少误差。

通过这种方法可以将偏振测量的复杂问题简化，提高测量的精度和可靠性，有助于更好地理解和控制偏振测量过程中的各种误差源。

本书主要采用上述方法，从偏振测量想要达到的精度出发，对偏振探测矩阵中所有未知参数的误差逐个进行分析，梳理影响偏振测量精度的关键因素。

通过控制偏振探测矩阵中每个未知参数的误差容限，针对不同的关键因素，采用不同的方法降低其对偏振测量精度的影响。针对不同的关键因素，或提高未知参数偏振定标时的测量精度，或提高多通道偏振辐射计所使用的组件的一致程度，或选用更为理想的器件，或设计更为合适的装调方法，或通过不同的方法控制多通道偏振辐射计产生的测量偏差和噪声等，使最终的偏振测量精度得到提高。

在进行具体的偏振测量时，首先需要测得偏振探测矩阵中的各个未知参数。需要测量的参数包括各通道的绝对响应度 R_k、3 个通道探测器的具体响应值 DN^k、各通道的暗电流响应值 DC^k、各通道相对于参考坐标系的偏振解析方向 α_k、任意偏振状态的光入射至系统中时入瞳处的平均光谱辐亮度 $L_{bsw}(\lambda)$，以及各通道的带外响应值 S_{OOB}^k。偏振探测矩阵各个未知参数的测量误差、通道间的不一致性、器件的非理想性等使得未知参数值偏离理想值，可能无法获得它的真实值，导致偏振测量精度下降。

在偏振测量领域，误差容限分析是一项至关重要的前期工作。通过这一分析，可以在设计的最初阶段及后续的装调过程中，根据期望达到的偏振测量精度合理地分配误差。这种分配不仅涉及对误差的量化，而且包括对误差来源的深入理解，以及如何通过设计和装调来有效控制这些误差。

首先，误差容限的确定基于对偏振测量精度的全面评估。这意味着，必须清楚地知道，为了实现特定的测量目标，误差的上限应该是多少。这涉及对测量设备的性能参数、测量环境和可能影响测量结果的各种因素进行细致分析。

在设计阶段，需要考虑各种可能的误差来源，如仪器的制造误差、测量过程中的随机误差和环境因素等。通过对这些因素进行深入研究，可以在设计时就考虑如何减少这些误差对测量结果的影响。例如，可以通过优化仪器的结构设计、选择质量更好的材料和组件，以及采用更先进的制造工艺来提高仪器的精度和稳定性。

在装调过程中，误差的控制同样重要。需要根据误差容限对仪器进行精确的调整和校准。这可能包括对仪器的各个部件进行微调，确保它们在偏振测量过程中能够协同工作，达到预期的偏振测量精度。此外在装调过程中还要考虑仪器的长期稳定性，确保在长时间使用仪器后，误差仍然在可接受的范围内。

如果在实际的偏振测量过程中发现在设计和装调阶段已经尽可能地控制了误差，最终的偏振测量精度和偏振定标误差容限仍然无法达到预期的要求，那么需要重新审视误差的来源。这可能需要回到设计阶段，重新评估和优化仪器的设计，或者在装调过程中采取更为严格的控制措施，确保误差在可接受的范围内。

此外，误差的控制还需要考虑仪器的使用环境和操作条件。例如，温度、湿度、振动等环境因素都可能对偏振测量结果产生影响，在设计和装调过程中还需要考虑这些外部因素，并采取措施来减少它们对偏振测量精度的影响。

总之，误差容限的分析和控制是一个复杂而细致的过程，涉及对测量仪器、测量过程和外部环境的全面考虑。分析误差容限可以明确知道在设计之初和装调过程中，根据最终的偏振测量结果要达到的精度，如何合理地分配误差，实现所需的偏振测量精度。如果最终的偏振测量精度和定标的误差容限达不到要求，则需要在重新对仪器进行设计和装调时控制误差。

偏振测量本质上是一种相对测量，要求在分析 R_k 时，必须考虑相对性。具体来说，需要对同一波段内不同检偏方向的检偏通道进行归一化处理，以得到它们的归一化响应度。这一过程至关重要，能够揭示在特定波段内，不同检偏通道之间的响应差异。这些响应差异对偏振测量结果的准确性有直接影响。

为了得到这些归一化响应度的准确值，首先需要确定每个检偏通道的响应度，并将它们与参考通道的响应度进行比较，得到归一化响应度。然而，任何测量都不可避免地伴随误差，这些误差可能来源于测量设备的精度、操作者的技术水平、环境条件等多种因素。

第 4 章将利用本章分析得到的工程容差限对滤光片进行带内筛选。带内筛选是指在特定波段内，根据滤光片的性能指标选择性能最优的滤光片。这一过程对于提高偏振测量的整体精度至关重要。通过工程容差限可以确保所选滤光片的性能满足偏振测量精度的需求。

本书后续分析还涉及误差的量化和控制方法。不仅需要了解误差的来源，而且要掌握如何通过设计和装调来减小误差。例如，可以通过改进仪器的设计、采用精度更高的传感器，以及优化测量算法来减小误差，同时还需要考虑在偏振测量过程中的实际操作条件，如温度、湿度等。这些因素都可能会对偏振测量精度产生影响。

总之，通过对偏振测量中的误差容限进行深入分析，可以更好地理解在偏振测量过程中可能出现的问题，并采取相应的措施来提高偏振测量结果的准确性和可靠性。这不仅有助于优化现有的测量技术，而且为偏振测量技术的发展提供了理论基础和实践指导。

在进行偏振测量时，探测器作为核心组件，其性能直接影响整个测量系统的可靠性，其性能的稳定性对于偏振测量结果的准确性至关重要。由于各种内在和外在因素的影响，探测器在测量过程中难免会受到噪声的干扰。噪声会直接影响探测器偏振测量结果的准确性，表现为探测器的响应值 DN^k 随时间波动。这种波动是探测器时间特性的直接体现，也是衡量多通道偏振辐射计辐射性能的重要指标之一。

探测器的时间特性即响应值随时间变化的特性，对偏振测量精度有决定性的影响。如果探测器的响应值随时间发生显著变化，那么偏振测量结果的可靠性就会遭到质疑。确保探测器的稳定性，减少时间偏移，是提高偏振测量精度的关键。这种稳定性不仅影响单次偏振测量结果的准确性，而且影响偏振测量结果随时间的一致性。

探测器的响应值随时间变化的特性决定了偏振测量精度随时间变化的特性。为了评估和优化探测器的响应值随时间变化的特性，本章重点分析工程容差限。工程容差限是指可被接受的探测器的响应值随时间变化的最大范围。通过确定这一工程容差限，可以为探测器的性能测试提供一个评价指标，以判断其是否满足偏振测量的需求。此外，工程容差限的分析还为提高偏振测量精度提供了重要参考。通过对工程容差限的研究，可以了解何种程度的响应值波动是可被接受的，以及如何通过设计和装调来控制这种波动。后续分析将采用多种方法来评估探测器的时间特性，包括对探测器的长期稳定性进行测试，观察探测器的响应值随时间变化的趋势；对探测器的短期稳定性进行测试，评估响应值在短时间内的波动情况；对探测器进行重复性测试，评估在相同条件下进行多次测量后所得结果的一致性。本章主要分析工程容差限，一方面为性能测试提供评价指标，另一方面为提高偏振测量精度提供参考。

探测器作为系统进行能量转换的传感器，其性能直接影响系统的数据质量。探测器的暗电流保持稳定是探测器的响应值保持稳定的前提，同时暗电流的高稳定性也为在轨使用和在轨定标提供保障。如何使探测器的暗电流保持稳定是本书的研究重点之一。

在影响探测器性能的众多因素中，DC^k 是一个关键指标。暗电流即在无光照情况下探测器产生的电流，其稳定性对于保持探测器响应值的一致性至关重要。探测器作为系统将光信号转换为电信号的传感器，暗电流的高稳定性是确保数据质量的前提条件。在实际测量过程中，暗电流的波动可能会导致探测器的输出信号出现偏差，影响最终的偏振测量结果。因此，控制暗电流的稳定性，使其保持在一个合理的范围内，是提高偏振测量精度的关键。

为了实现这一目标，在探测器的设计和制造过程中需要采取一系列措施，包括选择合适的材料以减少暗电流的产生，优化探测器的结构以提高其抗干扰能力，以及采用高精度的制造工艺来确保探测器的一致性和可靠性。此外，暗电流的高稳定性也是在轨使用和在轨定标过程中确保探测器性能的一个重要保障。在轨使用指的是探测器在实际太空环境中的使用情况，在轨定标指的是在太空环境中对探测器进行校准的过程。暗电流的高稳定性可以确保探测器的性能不受环境变化的影响。

在探测器的设计与制作过程中应深入探讨影响暗电流稳定性的各种因素，包括温度、湿度、电源波动等，并提出相应的解决方案。这些解决方案可能包括采用温度补偿技术来减小温度对暗电流的影响，使用高质量的电源管理电路来降低电源波动，以及开发先进的数据处理算法来滤除由暗电流引起的噪声。本章将详细分析影响暗电流稳定性的因素，并提出相应的控制策略。通过对这些关键因素进行深入研究，可以为探测器的设计和优化提供理论依据，为提高偏振测量精度提供实践指导。

多通道偏振辐射计通过测量偏振状态不同的光辐射强度来获取偏振信息。检偏器是重要的核心部件，能够实现对偏振光的精确探测。检偏器的组合方式和它们之间的相对角度误差，对偏振成像仪的偏振遥感探测精度有决定性的影响。不同偏振解析方向之间的相对角度误差是影响偏振成像仪偏振遥感探测精度的重要因素之一。在高精度定量化偏振遥感探测领域，这一点尤为重要，即使是微小的角度误差，也会对最终的偏振测量结果造成显著影响。在进行偏振测量时，检偏器的安装角度必须非常精确，因为检偏器的偏振解析方向直接决定了测量的准确性。如果检偏器的安装角度出现偏差，那么测量的偏振信息就可能与实际的偏振状态不符，影响偏振遥感探测精度，确保检偏器的安装角度准确无误，是实现高精度偏振测量的关键。选择何种偏振测量方法，如何降低偏振测量误差是本章的研究重点。此外，本章还关注了偏振测量误差的来源，并提出了相应的控制策略。偏振测量误差可能源于多种因素，如检偏器的制造误差、在检偏器安装过程中的操作误差，以及环境因素的干扰等。通过深入分析这些误差成因，可以采取相应的措施来减小误差的影响。

多通道偏振辐射计通过多个通道同时进行偏振测量，获取目标的偏振辐射信息。这要求各通道能够对同一目标进行观测，以确保偏振测量结果的一致性和准确性。在此过程中，各通道视场的不重合程度是影响偏振测量结果的关键因素。

视场重合性用来衡量各通道观测到的区域是否一致。如果各通道的视场完全重合，那么它们观测到的目标就完全相同，能确保偏振测量结果的一致性。然而，在实际应用中，由于光学系统的设计、制造和装调等多种因素的影响，各通道视场可能存在一定程度的偏差。这种偏差会导致各通道观测到的目标不完全相同，影响偏振测量结果的准确性。

视场不重合程度即各通道视场之间的偏差，是影响 $L_{bsw}(\lambda)$ 的主要因素。如果各通道的视场偏差较大，那么这些通道观测到的 $L_{bsw}(\lambda)$ 就可能存在显著差异，导致偏振测量结果不一致。因此，控制视场不重合程度，是确保多通道偏振辐射计能够完成准确测量的前提条件。

为了实现这一目标，在对多通道偏振辐射计进行装调的过程中，首先需要保证的是视场的高重合性。这需要通过优良的光学设计和装调技术来实现。在光学设计阶段，需要考虑光学系统的结构和参数，确保各通道的视场尽可能重合。在装调阶段，需要采用高精度的装调设备和方法对各通道视场进行精确调整，减小视场偏差。

此外，还需要对视场不重合产生的影响进行定量分析，包括对视场偏差的大小、分布和其对偏振测量结果的影响进行评估。通过对视场不重合程度进行定量分析，可以更好地了解其对偏振测量结果的影响，并采取相应的措施来减小这种影响。

在偏振测量过程中，滤光片的带外截止深度是一个重要的参数。带外截止深度决定了它在特定波长范围之外对光的阻挡能力。如果带外截止深度不够，那么滤光片将无法有效阻挡不需要的光，导致杂散光进入偏振测量系统中，影响偏振测量结果的准确性。

除了带外截止深度，被省略的消光比也是影响偏振测量精度的一个重要因素。消光比是指偏振光在通过检偏器时，两个正交偏振方向上光强的比值。理想的检偏器应该具有很高的消光比，确保只有目标偏振方向的光能够通过。如果消光比不足，那么部分非目标偏振方向的光也会通过检偏器，导致偏振测量信号中混入非目标偏振信息，降低偏振测量精度。

组件级特性包括滤光片的带外截止深度和检偏器的消光比。它们都是影响偏振探测矩阵的重要因素。偏振探测矩阵是由多个通道的响应值构成的，描述了偏振测量系统对不同偏振状态的响应。如果偏振探测矩阵受到这些组件级特性的影响，那么偏振测量结果的准确性就会受到影响。

为了获得高偏振测量精度，需要对这些组件级特性进行严格的控制和优化。首先，需要选择具有高带外截止深度的滤光片，减少杂散光的影响。其次，需要选择具有高消光比的检偏器，确保只有目标偏振方向的光能够通过检偏器。最后，需要对这些组件进行精确的装调，确保它们对齐，以及在偏振测量系统中的位置正确等。

影响偏振测量精度的因素有检偏通道的归一化响应度、探测器的响应稳定性、暗电流、偏振解析方向的测量、探测目标视场重合度，以及滤光片特性差异和偏振片特性差异。

3.2.1　检偏通道的归一化响应度

多通道偏振辐射计能够在不同的通道上捕获同一波段的辐射数据，通过比较辐射数据来计算偏振度。然而，不同通道间的带内响应差异可能会对偏振测量精度产生显著影响。通常采用检偏通道的归一化响应度校正带内响应差异，确保偏振测量结果的准确性和一致性。

这种带内响应差异的形成与滤光片的光谱透过率和探测器的响应值密切相关。滤光片的光谱透过率决定了它在特定波长范围内允许通过的光的量。探测器的响应值反映了探测器对通过的光的敏感程度。这两个参数的精确匹配对于确保各通道测量结果的一致性至关重要。

由于制造工艺的限制，即使是同一批次的滤光片，其光谱透过率也会存在一定的差异。这种差异可能是由材料的微小不均匀性、涂层工艺的波动或生产过程中的其他变量引起的。这些差异会导致不同检偏通道的归一化响应度出现变化。这些变化会随着探测目标的光谱辐亮度的不同而变得更加明显。

当探测目标的光谱辐亮度发生变化时，如果滤光片的光谱透过率存在差异，那么即使探测器的响应值相同，不同通道所捕获的信号强度也会有所不同。如果这种差异不被校正，那么偏振测量精度会受到影响。此外，由于探测器本身的制造误差和性能退化，不同通道的探测器也可能表现出不同的响应值，进一步加剧了带内响应差异。

为了应对这些挑战，在设计和制造过程中需要采取一系列措施来最小化滤光片和探测器之间的差异，可能包括采用更精细的制造工艺、实施严格的质量控制措施，以及使用先进的校准技术来确保每个通道的性能符合预期，此外还需要定期对系统进行维护和校准，以确保系统的长期稳定运行和高偏振测量精度。

与此同时，探测器作为关键的光电转换元件，其性能的高度一致性对于确保整个系统的偏振测量精度至关重要。由于制造工艺和材料特性的限制，不同通道的探测器不可避免地存在性能差异。这些差异不仅体现在探测器的响应值上，而且可能受与之配套的滤光片和其他光学组件光谱特性的影响。滤光片作为调控光谱透过率的关键组件，对偏振测量精度有显著影响。在理想情况下，同一批次的滤光片应具有高度一致的光谱特性，在实际生产过程中，由于材料的微小不均匀性、涂层工艺的波动等，不同滤光片之间的光谱透过率可能存在差异。这些差异会进一步影响探测器接收的光辐射量，影响偏振测量结果。除滤光片和探测器外，系统中的其他光学组件也会因光谱特性的差异对偏振测量结果产生影响。这些组件的光谱透过率、反射率、偏振特性等都可能在不同程度上影响各通道的响应值，最终导致同一波段不同通道间的绝对响应度存在差异，影响偏振测量精度。

为了确保测量结果的准确性，在偏振定标过程中，需要对各通道的绝对响应度进行精确测定。偏振定标的目的是建立一个准确的绝对响应度模型，以便后续的数据处理和结果解释，即便在偏振定标过程中确定了各通道的绝对响应度，由于组件存在固有差异，在实际装调前仍需要对滤光片、探测器等关键组件进行严格的筛选。通过筛选可以挑选性能差异较小的组件，在源头上减小测量误差。

本节主要分析检偏通道的归一化响应度的测量误差对偏振测量精度的影响，通过仿真分析研究不同误差范围对偏振测量结果的影响，并根据分析结果提出对检偏通道的归一化响应度及其测量误差的具体要求。通过对这些关键因素进行深入分析和严格控制，可提高多通道偏振辐射计的偏振测量精度。

如 3.1 节所述，利用式（3.13）求得斯托克斯参数，将其代入式（3.14）中，即可得到偏振光的线偏振度。

$$
\begin{bmatrix} I \\ Q \\ U \end{bmatrix} = \frac{1}{R_0 L_{\mathrm{bsw}}(\lambda)} \begin{bmatrix} 1 & \cos 2\alpha_0 & \sin 2\alpha_0 \\ 1 & \cos 2\alpha_{60} & \sin 2\alpha_{60} \\ 1 & \cos 2\alpha_{120} & \sin 2\alpha_{120} \end{bmatrix}^{-1} \begin{bmatrix} (\mathrm{DN}^0 - S_{\mathrm{OOB}}^0 - \mathrm{DC}^0) \\ (\mathrm{DN}^1 - S_{\mathrm{OOB}}^1 - \mathrm{DC}^1)/T_1 \\ (\mathrm{DN}^2 - S_{\mathrm{OOB}}^2 - \mathrm{DC}^2)/T_2 \end{bmatrix} \tag{3.13}
$$

$$
P_{\mathrm{m}} = \frac{\sqrt{Q^2 + U^2}}{I} \tag{3.14}
$$

$0°$检偏通道探测器的响应值 DN^0 用 DN_λ 表示，3 个通道探测器的响应值 DN^k 如式（3.15）所示。为了方便分析，选择光谱透过率最大的通道作为 $0°$ 检偏通道，即式（3.15）中的 DN^0 为光谱透过率最大通道探测器的响应值，与该通道偏振解析方向差 $60°$ 和 $120°$ 探测器的响应值分别为 DN^1 和 DN^2。

$$
\begin{cases}
\mathrm{DN}^0 = \mathrm{DN} \\[2mm]
\mathrm{DN}^1 = \dfrac{\mathrm{DN} \times T_1 \times \left(1 + P_{\mathrm{in}} \cos 2\left(\dfrac{\pi}{3} + \chi\right)\right)}{\left(1 + P_{\mathrm{in}} \cos 2(\chi)\right)} \\[4mm]
\mathrm{DN}^2 = \dfrac{\mathrm{DN} \times T_2 \times \left(1 + P_{\mathrm{in}} \cos 2\left(\dfrac{2\pi}{3} + \chi\right)\right)}{\left(1 + P_{\mathrm{in}} \cos 2(\chi)\right)}
\end{cases} \tag{3.15}
$$

对相对透过率进行测量时，设测量误差分别为 δT_1、δT_2，则由该测量误差导致的线偏振度误差可以用 $\delta\mathrm{DoLP}$ 表示，有

$$\delta\mathrm{DoLP} = \frac{\partial P_\mathrm{m}}{\partial \overline{T_1}}\bigg|_{\overline{T_1}=T_1+\delta T_1,P_\mathrm{in},\chi} \cdot \delta T_1 + \frac{\partial P_\mathrm{m}}{\partial \overline{T_2}}\bigg|_{\overline{T_2}=T_2+\delta T_2,P_\mathrm{in},\chi} \cdot \delta T_2 \qquad (3.16)$$

式中，$\partial P_\mathrm{m}/\partial\overline{T_1}$ 为线偏振度对相对透射率 T_1 的偏导数；

$\partial P_\mathrm{m}/\partial\overline{T_2}$ 为线偏振度对相对透射率 T_2 的偏导数，此时，入射光偏振度为 P_in，入射光偏振朝向角为 χ；

$\overline{T_1}$ 和 $\overline{T_2}$ 分别为检偏器的透过轴方向与 x 轴夹角为 $60°$ 和 $120°$ 的偏振通道相对于 $0°$ 测量得到的相对透过率；

T_1 和 T_2 分别为相对透过率的真实值。

如图 3.1（a）所示，线偏振度误差随着入射光偏振度与入射光偏振朝向角的变化而变化，当各通道的相对透过率均为 1，相对透过率的测量误差为 0.5% 时，线偏振度误差可以达到 0.0037，且最大线偏振度误差绝对值出现在入射光偏振度约为 0.5 时[见图 3.1（b）]。

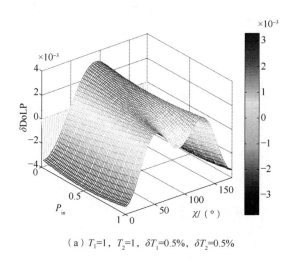

（a）$T_1=1$，$T_2=1$，$\delta T_1=0.5\%$，$\delta T_2=0.5\%$

图 3.1　由入射光偏振度、入射光偏振朝向角与相对透过率导致的线偏振度误差的变化

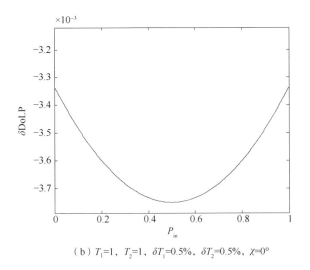

（b）T_1=1，T_2=1，δT_1=0.5%，δT_2=0.5%，χ=0°

注：此图为彩图，见前言中的二维码

图 3.1　由入射光偏振度、入射光偏振朝向角与相对透过率导致的线偏振度误差的变化（续）

　　经以上分析，在其他条件不变时，入射光偏振度为 0.5、入射光偏振朝向角为 0°的组合相较于其他组合，由相对透过率的测量误差引入的线偏振度误差要大些。在入射光偏振度为 0.5、入射光偏振朝向角为 0°的条件下，由不同通道间不同相对透过率导致的线偏振度误差的变化分别如图 3.2 和图 3.3 所示。

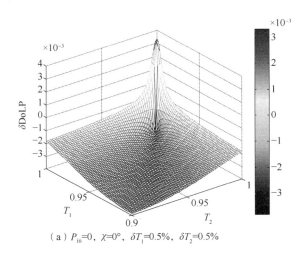

（a）P_{in}=0，χ=0°，δT_1=0.5%，δT_2=0.5%

图 3.2　由不同通道间不同相对透过率导致的线偏振度误差的变化

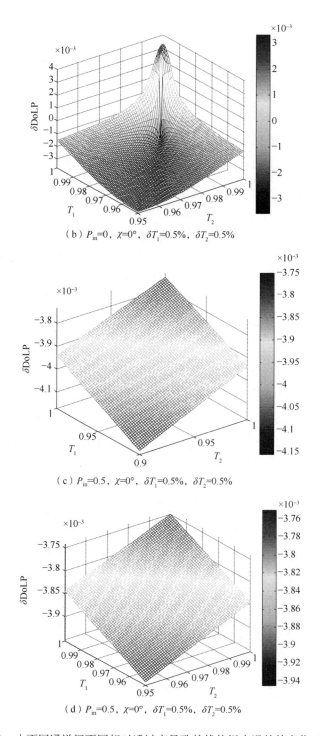

（b）$P_{in}=0$，$\chi=0°$，$\delta T_1=0.5\%$，$\delta T_2=0.5\%$

（c）$P_{in}=0.5$，$\chi=0°$，$\delta T_1=0.5\%$，$\delta T_2=0.5\%$

（d）$P_{in}=0.5$，$\chi=0°$，$\delta T_1=0.5\%$，$\delta T_2=0.5\%$

图 3.2　由不同通道间不同相对透过率导致的线偏振度误差的变化（续）

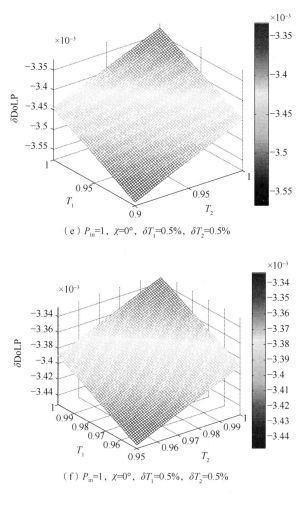

（e）$P_{in}=1$，$\chi=0°$，$\delta T_1=0.5\%$，$\delta T_2=0.5\%$

（f）$P_{in}=1$，$\chi=0°$，$\delta T_1=0.5\%$，$\delta T_2=0.5\%$

注：此图为彩图，见前言中的二维码

图 3.2　由不同通道间不同相对透过率导致的线偏振度误差的变化（续）

从图 3.2 中可以看出，当相对透过率变化时，由相对透过率的测量误差导致的线偏振度最大误差发生在两个相对透过率都较小时；同时，在同样的相对透过率、同样的相对透过率的测量误差，以及同样的入射光偏振朝向角情况下，由相对透过率的测量误差引入的线偏振度误差，在入射光偏振度为 0.5 时，大于入射光偏振度为 0 和 1 时。

在图 3.2 中，由不同通道间不同相对透过率导致的线偏振度误差变化的条件：

（a）$\delta T_1 = \delta T_2 = 0.5\%$，$P_{in} = 0$，$\chi = 0°$，相对透过率从 0.9 变化到 1；（b）$\delta T_1 = \delta T_2 = 0.5\%$，$P_{in} = 0$，$\chi = 0°$，相对透过率从 0.95 变化到 1；（c）$\delta T_1 = \delta T_2 = 0.5\%$，$P_{in} = 0.5$，$\chi = 0°$，相对透过率从 0.9 变化到 1；（d）$\delta T_1 = \delta T_2 = 0.5\%$，$P_{in} = 0.5$，$\chi = 0°$，相对透过率从 0.95 变化到 1；（e）$\delta T_1 = \delta T_2 = 0.5\%$，$P_{in} = 1$，$\chi = 0°$，相对透过率从 0.9 变化到 1；（f）$\delta T_1 = \delta T_2 = 0.5\%$，$P_{in} = 1$，$\chi = 0°$，相对透过率从 0.95 变化到 1。

当入射光偏振度为 0.5，入射光偏振朝向角为 0°时，如图 3.3 和图 3.4 所示，相对透过率的测量误差与其导致的线偏振度误差在其他条件不变的情况下成线性关系，随着相对透过率的测量误差变大，由其导致的线偏振度误差也变大。从图 3.3 中可以看出，当相对透过率的测量误差的绝对值均为 0.01 时，其导致的线偏振度误差为 0.65%左右；当相对透过率的测量误差的绝对值均为 0.005 时，其导致的线偏振度误差为 0.45%左右；当相对透过率的测量误差的绝对值均为 0.001 时，其导致的线偏振度误差为 0.065%左右。从图 3.3 中还可以看出，当 δT_1、δT_2 变化的数值相等时，线偏振度误差最大。

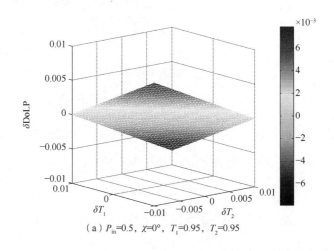

（a）P_{in}=0.5，χ=0°，T_1=0.95，T_2=0.95

图 3.3　相对透过率的测量误差与其导致的线偏振度误差的变化 1

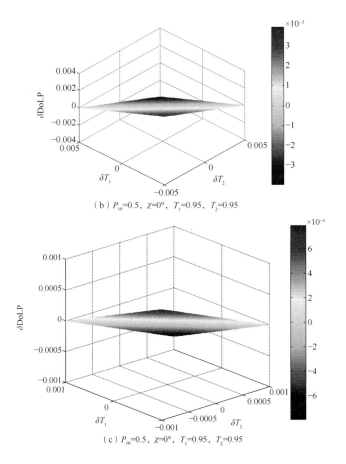

（b）P_{in}=0.5，χ=0°，T_1=0.95，T_2=0.95

（c）P_{in}=0.5，χ=0°，T_1=0.95，T_2=0.95

注：此图为彩图，见前言中的二维码

图 3.3　相对透过率的测量误差与其导致的线偏振度误差的变化 1（续）

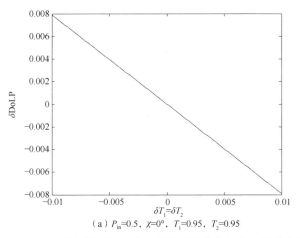

（a）P_{in}=0.5，χ=0°，T_1=0.95，T_2=0.95

图 3.4　相对透过率的测量误差与其导致的线偏振度误差的变化 2

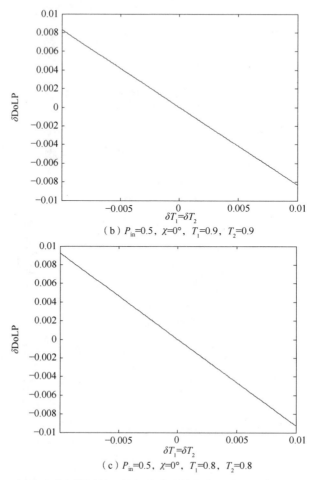

（b）P_{in}=0.5，χ=0°，T_1=0.9，T_2=0.9

（c）P_{in}=0.5，χ=0°，T_1=0.8，T_2=0.8

图 3.4　相对透过率的测量误差与其导致的线偏振度误差的变化 2（续）

　　首先利用 MALTAB 对式（3.16）中所有变量的各种情况做初步遍历性分析，然后选取几个典型的条件进行详细的定量计算，计算结果如图 3.4 所示，当 δT_1 = δT_2，其他条件相同时，相对透过率的测量误差的绝对值与其导致的线偏振度误差的绝对值成正比，当相对透过率的测量误差的绝对值增大时，线偏振度误差的绝对值也增大。当 T_1 = T_2 =0.95，P_{in} =0.5，χ =0°，δT_1 = δT_2 且在 $-0.01\sim0.01$ 范围内变化时，线偏振度误差的变化范围为 $-0.0078\sim0.0078$，δT_1 = δT_2 =±0.005 时，$|\delta\text{DoLP}|$=0.375%；当 T_1 = T_2 =0.9，P_{in} =0.5，χ =0°，δT_1 = δT_2 且在 $-0.01\sim$ 0.01 范围内变化时，线偏振度误差的变化范围为 $-0.0082\sim0.0082$，δT_1 = δT_2 =

±0.005 时，$|\delta\mathrm{DoLP}|$=0.394%；当 $T_1=T_2=0.8$，$P_{\mathrm{in}}=0.5$，$\chi=0°$，$\delta T_1=\delta T_2$ 且在

$-0.01\sim0.01$ 范围内变化时，线偏振度误差的变化范围为−0.0092～0.0092，

$\delta T_1=\delta T_2=\pm0.005$ 时，$|\delta\mathrm{DoLP}|$=0.438%。

由于检偏通道的归一化响应度的差异只是由探测器的光谱特性差异、滤光片的光谱特性差异和其他组件（如透镜材料和膜层）的光谱特性差异导致的，因此在组装各光学器件时，要测定检偏通道的归一化响应度，选择相对差异较小的光学器件，降低检偏通道的归一化响应度的测量误差。

根据以上分析并且结合工程实际，在筛选光学组件时，要求 3 个通道的检偏通道的归一化响应度差异小于 10%，也即要求具体检偏通道的归一化响应度比值大于 90%，同时为了保证由检偏通道的归一化响应度的测量误差导致的线偏振度误差小于 0.5%，要求检偏通道的归一化响应度的测量误差小于 0.5%。

3.2.2　探测器的响应稳定性

随着计量时间的延长，多通道偏振辐射计中探测器的响应值可能会逐渐偏移。产生这种偏移的原因可能是探测器在长时间工作的情况下，性能逐渐发生改变，也可能是多通道偏振辐射计本身存在固有误差，这些误差可能源自探测器的制造缺陷、环境因素，以及信号放大过程的不稳定。

常用稳定性衡量系统随时间变化的特性，系统的稳定性直接影响测量结果的可靠性和可重复性。在光学计量学中，稳定性通常描述系统在一定时间内保持计量特性不变的能力，当系统表现出高稳定性时，意味着测量结果在长时间内波动较小，系统能够提供持续一致的测量数据。在对多通道偏振辐射计进行评估和校准时，一个关键的步骤是使该仪器的测量条件不变，并在一定的时间间隔内进行持续测量。进行持续测量的目的是模拟实际使用仪器时可能遇到的仪器长时间运行情况，检测和评估其性能的稳定性和可靠性。

响应的非稳定性是指仪器在计量过程中，其特性随时间发生偏离的现象。

这种偏离可能是线性的，也可能是非线性的，它可能是由多种因素引起的，包括但不限于探测器的暗电流波动、温度变化、电路噪声、光源不稳定等。响应的非稳定性是指仪器计量特性随时间偏离的程度。时间漂移性检验是对探测器及信号放大系统在持续运行条件下性能变化的一种评估方法。

为了检验探测器及信号放大系统的时间漂移性，通常需要使仪器的测量条件不变，以一定的时间间隔进行持续测量。通过这种测量方式可以监测和记录探测器的响应值随时间变化的趋势，评估仪器的稳定性。在这一过程中，需要特别关注探测器暗电流的波动、探测器内部的各种噪声源，以及由探测器的温度特性导致的性能变化等。这些因素虽然独立存在，但最终都会通过影响探测器的响应值随时间的偏移而表现出来，是衡量多通道偏振辐射计辐射性能的重要指标，决定偏振测量精度随时间变化的特性。本章将对探测器的响应值偏移量及其对偏振测量精度的影响进行详细分析，并根据仿真分析结果提出探测器响应稳定度的相关指标，为该仪器的设计、评估和使用提供科学依据。

探测器的响应稳定度常用响应不稳定度表征，在式（3.17）中，NS^k 为 k 通道的响应不稳定度，$\mathrm{DN}^k(n)_{\max}$ 为 k 通道探测器响应值的最大值，$\mathrm{DN}^k(n)_{\min}$ 为 k 通道探测器响应值的最小值，$\overline{\mathrm{DN}^k}$ 为 k 通道探测器响应值的平均值。

$$\mathrm{NS}^k = \left| \frac{\mathrm{DN}^k(n)_{\max} - \mathrm{DN}^k(n)_{\min}}{\overline{\mathrm{DN}^k}} \right| \times 100\% \tag{3.17}$$

如果由计算得到的各通道暗电流虽然不一样，但是皆为固定的常量，那么探测器暗电流的波动对偏振测量精度造成的影响可忽略不计，式（3.9）可以转化为式（3.18）。

$$\begin{bmatrix} \boldsymbol{I} \\ \boldsymbol{Q} \\ \boldsymbol{U} \end{bmatrix} = \frac{1}{L_{\mathrm{bsw}}(\lambda)} \begin{bmatrix} 1 & \cos 2\alpha_0 & \sin 2\alpha_0 \\ 1 & \cos 2\alpha_{60} & \sin 2\alpha_{60} \\ 1 & \cos 2\alpha_{120} & \sin 2\alpha_{120} \end{bmatrix}^{-1} \begin{bmatrix} \mathrm{DN}^0 / R_0 \\ \mathrm{DN}^1 / R_1 \\ \mathrm{DN}^2 / R_2 \end{bmatrix} \tag{3.18}$$

同一波长不同通道的 DN 值是不同的，由于不同通道的绝对响应度不同，

相同的 DN 值波动造成的偏振测量误差也会不同。故令

$$SI_k = \frac{DN^k}{R_k} \qquad (3.19)$$

式中，R_k 为 $k(k=0$、1、2$)$ 通道的绝对响应度。若 k 通道的响应不稳定度为 NS^k，则对应的 SI_k 的响应不稳定度 ES^k 的计算公式如式（3.20）所示。通过式（3.20）可以发现二者相等，故下文二者均称为响应不稳定度。

$$ES^k = \left| \frac{SI_k(n)_{\max} - SI_k(n)_{\min}}{\overline{SI_k}} \right| \times 100\% = \left| \frac{\dfrac{DN^k(n)_{\max}}{R_k} - \dfrac{DN^k(n)_{\min}}{R_k}}{\dfrac{\overline{DN^k}}{R_k}} \right| \times 100\% = NS^k \quad (3.20)$$

式中，$\overline{SI_k}$ 为由 k 通道测量得到的 DN 值与 k 通道绝对响应度的比值。

将（3.19）代入式（3.18）中，可以得到斯托克斯参数，即

$$\begin{bmatrix} I \\ Q \\ U \end{bmatrix} = \frac{1}{L_{bsw}(\lambda)} \begin{bmatrix} 1 & \cos 2\alpha_0 & \sin 2\alpha_0 \\ 1 & \cos 2\alpha_{60} & \sin 2\alpha_{60} \\ 1 & \cos 2\alpha_{120} & \sin 2\alpha_{120} \end{bmatrix}^{-1} \begin{bmatrix} SI_0 \\ SI_1 \\ SI_2 \end{bmatrix} \qquad (3.21)$$

设探测器的 DN 值波动导致不同通道 SI_k 的响应不稳定度分别为 ES^0、ES^1、ES^2，为了分析它们所导致的线偏振度误差 $\delta DoLP$，需要求线偏振度对 DN^k / R_k 的偏导数，则 ES^0、ES^1、ES^2 导致的线偏振度误差 $\delta DoLP$ 可以通过式（3.22）计算得出，即

$$\delta DoLP = \sum_{k=0,1,2} \frac{\partial P}{\partial SI_k} \Big|_{SI_k = \overline{SI_k}, P_{in}, \chi} \cdot \overline{SI_k} \cdot ES^k \qquad (3.22)$$

式中，$\partial P / \partial SI_k$ 为线偏振度对 DN^k / R_k 的偏导数；

P_{in} 为入射光偏振度；

χ 为入射光偏振朝向角。

设 0°检偏方向通道的 DN 值与该通道绝对响应度的比值为 SI，有

$$
\begin{cases}
\mathrm{SI}_1 = \dfrac{\mathrm{SI}\left(1 + P_{\mathrm{in}}\cos 2\left(\dfrac{\pi}{3} - \chi\right)\right)}{\left(1 + P_{\mathrm{in}}\cos 2\chi\right)} \\[4mm]
\mathrm{SI}_2 = \dfrac{\mathrm{SI}\left(1 + P_{\mathrm{in}}\cos 2\left(\dfrac{2\pi}{3} - \chi\right)\right)}{\left(1 + P_{\mathrm{in}}\cos 2\chi\right)}
\end{cases}
\tag{3.23}
$$

利用 MATLAB 对式（3.21）～式（3.23）进行分析，结果如图 3.5～图 3.8 所示。

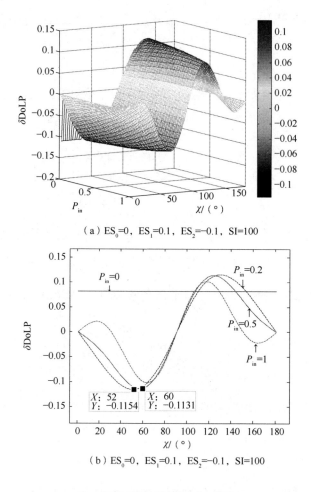

（a）$\mathrm{ES}_0 = 0$，$\mathrm{ES}_1 = 0.1$，$\mathrm{ES}_2 = -0.1$，$\mathrm{SI} = 100$

（b）$\mathrm{ES}_0 = 0$，$\mathrm{ES}_1 = 0.1$，$\mathrm{ES}_2 = -0.1$，$\mathrm{SI} = 100$

注：此图为彩图，见前言中的二维码

图 3.5　入射光偏振度及入射光偏振朝向角与响应不稳定度导致的线偏振度误差的变化（续）

图 3.5（a）为入射光偏振度和入射光偏振朝向角皆变化时，由响应不稳定度变化导致的线偏振度误差的变化，图 3.5（b）为入射光偏振度为固定值，入射光偏振朝向角变化时，由响应不稳定度变化导致的线偏振度误差的变化。

由图 3.5 可知，当其他条件一定时，若入射光偏振朝向角不同，则恒定的响应不稳定度导致的线偏振度误差也不同，从图 3.5（b）中可以看出，在入射光偏振朝向角约为 60°，入射光偏振度为 0.5 时，线偏振度误差的绝对值较大，而在入射光偏振度为 0，入射光偏振朝向角变化时，线偏振度误差保持不变且较大。为了分析在其他参数变化时，响应不稳定度变化导致的线偏振度误差的变化，取两组入射光偏振度和入射光偏振朝向角进行分析，分别如图 3.6、图 3.7 所示。

在图 3.6（a）中，在固定条件下，当 ES_1、ES_2 皆从 -1 变化至 1，$ES_1=1$，$ES_2=-1$ 时，线偏振度误差绝对值最大。在图 3.6（b）中，当 ES_0、ES_1、ES_2 皆从 -1 变化至 1，$ES_1=-ES_2=ES_0=-1$，以及 $ES_1=-ES_2=ES_0=1$ 时，线偏振度误差绝对值最大。在图 3.6（c）中，当 ES_0、ES_1、ES_2 皆从 -1 变化至 1，$ES_0=ES_1=-ES_2$，且 SI 从 -32768 变化至 32768 时，线偏振度误差不会发生变化。

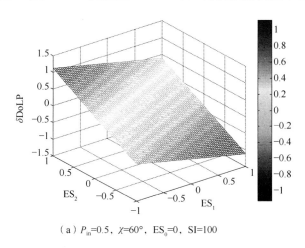

（a）$P_{in}=0.5$，$\chi=60°$，$ES_0=0$，SI=100

图 3.6　在不同条件下由响应不稳定度变化导致的线偏振度误差的变化 1

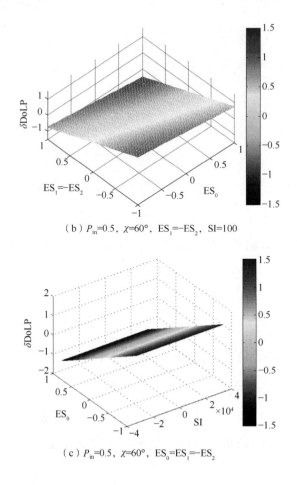

（b）P_{in}=0.5，χ=60°，ES_1=−ES_2，SI=100

（c）P_{in}=0.5，χ=60°，ES_0=ES_1=−ES_2

注：此图为彩图，见前言中的二维码

图 3.6　在不同条件下由响应不稳定度变化导致的线偏振度误差的变化 1（续）

　　图 3.7 与图 3.6 的不同之处：在图 3.6 中，P_{in}=0.5，χ=60°；在图 3.7 中，P_{in}=0.2，χ=52°。在图 3.7（a）中，在固定条件下，当 ES_1=−ES_2=1，以及 ES_1=−ES_2=−1 时，线偏振度误差绝对值最大。在图 3.7（b）中，当 ES_0、ES_1、ES_2 皆从−1 变化至 1，ES_1=−ES_2=ES_0=1，以及 ES_1=−ES_2=ES_0=−1 时，线偏振度误差绝对值最大。图 3.7（c）中，当 ES_0、ES_1、ES_2 皆从−1 变化至 1，ES_0=ES_1=−ES_2，且 0°检偏方向通道的 SI 从−32768 变化至 32768 时，线偏振度误差不会发生变化。

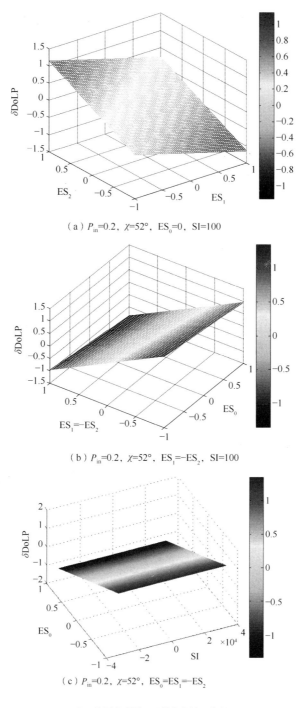

（a）$P_{in}=0.2$，$\chi=52°$，$ES_0=0$，$SI=100$

（b）$P_{in}=0.2$，$\chi=52°$，$ES_1=-ES_2$，$SI=100$

（c）$P_{in}=0.2$，$\chi=52°$，$ES_0=ES_1=-ES_2$

注：此图为彩图，见前言中的二维码

图 3.7 在不同条件下由响应不稳定度变化导致的线偏振度误差的变化 2

综上，由响应不稳定度变化导致的线偏振度误差的变化具有以下特性。

（1）线偏振度误差会随着入射光偏振度和入射光偏振朝向角的变化而变化，当 P_{in} =0.5、 χ =60°及 P_{in} =0.2、 χ =52°时有最大值存在。

（2）当 ES_0 = ES_1 = − ES_2 ，其他条件相同时，线偏振度误差最大。

（3）0°检偏方向通道的 SI 变化不会导致由响应不稳定度变化引起的线偏振度误差发生变化。

首先利用 MALTAB 对式（3.22）中所有变量的各种情况做初步遍历性分析，然后选取几个典型条件对变量进行详细的定量计算，计算结果如图 3.8 所示。当 SI=100， ES_0 = ES_1 = − ES_2 ， ES_0 、 ES_1 和 ES_2 皆从 − 0.01 变化至 0.01 时，分别令 P_{in} =0.2、 χ =52°， P_{in} =0.5、 χ =60°，以及 P_{in} =0、 χ =0°，响应不稳定度变化导致的线偏振度误差的变化如图 3.8 所示。

从图 3.8 中可以看出，响应不稳定度与其导致的线偏振度误差存在线性关系。在图 3.8 （a）中，当 P_{in} =0.2， χ =52°， ES_0 = ES_1 = − ES_2 =0.003736 时， $\delta DoLP$ = − 0.005034；当 P_{in} =0.2， χ =52°， ES_0 = ES_1 = − ES_2 = − 0.003728 时， $\delta DoLP$ = 0.005023。在图 3.8 （b）中，当 P_{in} =0.5， χ =60°， ES_0 = ES_1 = − ES_2 =0.003351 时， $\delta DoLP$ = − 0.005027；当 P_{in} =0.5， χ =60°， ES_0 = ES_1 = − ES_2 = − 0.003344 时， $\delta DoLP$ = 0.005015。在图 3.8 （c）中，当 P_{in} =0， χ =0°， ES_0 = ES_1 = − ES_2 = − 0.006152 时， $\delta DoLP$ = − 0.005023；当 P_{in} =0， χ =0°， ES_0 = ES_1 = − ES_2 =0.00616时， $\delta DoLP$ = 0.00503。

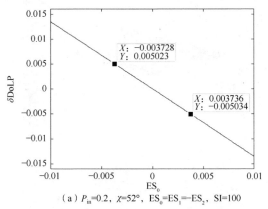

（a） P_{in} =0.2， χ =52°， ES_0 = ES_1 = − ES_2 ， SI=100

图 3.8　由响应不稳定度变化导致的线偏振度误差的变化

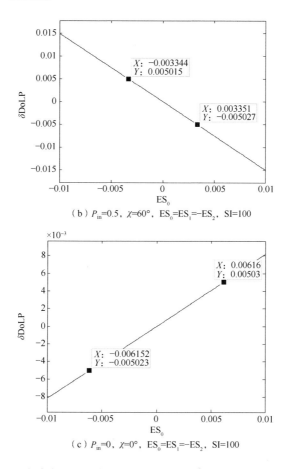

（b）$P_{in}=0.5$，$\chi=60°$，$ES_0=ES_1=-ES_2$，SI=100

（c）$P_{in}=0$，$\chi=0°$，$ES_0=ES_1=-ES_2$，SI=100

图 3.8　由响应不稳定度变化导致的线偏振度误差的变化（续）

根据以上分析及工程实际情况，为了保证由响应不稳定度变化导致的线偏振度误差不大于 0.5%，要求响应不稳定度小于 0.33%。

3.2.3　暗电流

在多通道偏振辐射计中，探测器的作用是将接收到的光信号转换为电信号。这一能量转换过程的效率和准确性对数据质量有直接影响。探测器的性能指标，如量子效率、噪声水平、响应时间、暗电流稳定性等都直接关系着最终获取的数据是否准确可靠。多通道偏振辐射计精心选用了两种类型的探测器以覆盖不同波段的光谱，满足不同的遥感应用需求。Si（硅）探测器因在可见光到近红外波段的高量子效率而被用于探测 490nm、670nm、870nm 等特定波长的光。这些波长对于捕捉地表植被、水体及其他自然和人造物质的特征至关重要。InGaAs（铟镓砷）探测器因在短波红外波段的高灵敏度而被用于探测 1610nm、2250nm 波长的光。这些波长在探测大气成分、植被水分含量等方面具有独特的优势。

对于 Si 探测器而言，暗电流的稳定性是一个关键的性能指标，直接影响信噪比和测量精度。暗电流的稳定性受探测器材料特性、制造工艺、工作温度和信号采集电路设计等多方面因素的影响。Si 探测器特别采用了跨导型放大电路，以确保暗电流的稳定性。这种电路设计能够有效降低噪声，提高信噪比，提升工作性能，应依据 Si 探测器的特性及其系统要求对跨导型放大电路进行设计和应用。此外，探测器的选择和电路设计还需要考虑探测器的温度、光谱响应、时间响应等其他因素。由于温度影响探测器的暗电流和响应值，因此需要通过温度控制和补偿来确保其性能稳定。光谱响应决定了探测器对不同波长光的敏感度，需要与系统的光谱特性相匹配。时间响应关系着探测器对变化速度快的信号的跟踪能力，对动态测量尤为重要。暗电流的具体控制方法包括对电路参数的优化设置、对信号路径的精细调整，以及对环境的严格控制等。这些都在文献[62]中有详细的描述和讨论。通过这些方法可以有效降低暗电流的波动，提高探测器性能的稳定性。

短波红外探测器是一类专门用来探测短波红外辐射的传感器，在遥感探测、军事侦察、环境监测等领域有广泛的应用。目前，短波红外探测器主要分为两种类型：InGaAs（铟镓砷）光伏探测器和 HgCdTe（汞镉碲）光导探测器。这两种探测器虽各有特点和优势，但在测量波长大于 1.7μm 的光及探测偏振辐射信息方面，InGaAs 光伏探测器因高量子效率和良好的光谱响应特性而被广泛应用。InGaAs 光伏探测器的工作原理是利用光伏效应将吸收的光能直接转换为电能。在常温下，虽然 InGaAs 光伏探测器也能正常工作，但性能会受自身温度和环境温度变化的影响，且受到的影响较大，导致输出信号不稳定，不利于进行高精度的定量化辐射测量。为了提高 InGaAs 光伏探测器的稳定性和测量精度，目前用于短波红外测量的多为制冷型 InGaAs 光伏探测器。制冷型 InGaAs 光伏探测器通过内置的制冷系统或外接的制冷设备，将自身温度降低到一个稳定状态。低温工作环境可以有效抑制暗电流的产生，提高信噪比及测量的准确性和可重复性。

制冷型 InGaAs 光伏探测器暗电流的稳定性是影响系统性能的最重要因素之一。暗电流的大小会受材料特性、温度、电路设计等多种因素的影响。暗电流的稳定性直接关系着探测器的噪声水平和测量精度，通过控制温度，可以有效控制暗电流的波动，提高该探测器的性能。为了实现对该探测器温度的精确控制，制冷系统需要采用高精度的温度传感器和温控电路。温度传感器可以实时监测该探测器的温度，并根据设定的温度范围进行调节。温控电路根据温度传感器的反馈信号，自动调节制冷系统的运行状态，使该探测器的温度保持稳定。该探测器通过制冷型设计和精确的温度控制技术，可以有效提高自身性能的稳定性和测量精度，满足高精度定量化辐射测量的需求。

如上分析，在对制冷型 InGaAs 光伏探测器的性能进行分析时，环境温度的影响不可忽视。图 3.9 所示为在无内部制冷条件下，该探测器所处的环境温度与其在相同光照条件下输出的 DN 值之间的关系。通过图 3.9 可以直观地看到一种明显的趋势：随着环境温度的逐渐升高，DN 值呈现下降趋势。这意味着在高温环境下，该探测器对光信号的响应能力降低，导致测量精度下降。

环境温度与 DN 值的关系对该探测器性能的稳定性具有重要意义。在实际应用中，由于环境温度的变化无法完全避免，因此该探测器需要在一定环境温度范围内保持稳定的工作性能。

图 3.9 显示了该探测器在低温环境中工作的表现。在低温环境中，该探测器的暗电流变化较小，意味着该探测器的噪声水平较低，能够提供更稳定的测

量结果。这一发现对于优化该探测器的性能具有指导意义，表明通过适当的环境温度控制，可以显著提高该探测器的性能。

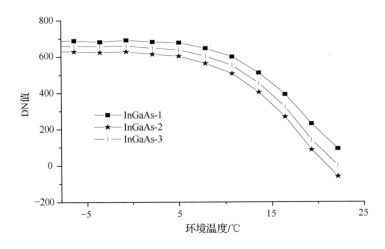

图 3.9　环境温度与 DN 值的关系

　　在设计和使用多通道偏振辐射计时，需要考虑温度效应，并采取相应的措施减小环境温度对测量结果的影响。例如，可以通过外部制冷系统使该探测器在适宜的环境温度下工作。此外，还可以应用合适的算法对环境温度引起的偏差进行校正，提高测量精度。

　　在设计多通道偏振辐射计的温控电路时，必须综合考虑多个关键因素，确保该仪器在各种环境条件下均能保持最佳性能。系统降额和信噪比是设计温控电路时需要考虑的两个方面。系统降额是指在设计温控电路时要考虑实际使用中可能遇到的极端情况，提高设备的工作指标要求，使其适应各种环境。信噪比是衡量信号中有用信号与背景噪声比例的重要指标，对保证数据质量和测量精度至关重要。为了满足这些要求，设计者需要通过精确计算该探测器的暗电流大小确定温控电路的温控指标，通过计算不同工作温度下的暗电流找到该探测器最优的工作温度范围，使得该探测器的信噪比最大化。

　　在本设计中，针对能够测量不同波长的光的 InGaAs 光伏探测器确定了两个具体的温控指标。对于能够测量 1700nm 波长光的 InGaAs 光伏探测器，应将温度控制在–10℃以下；对于能够测量 2600nm 波长光的 InGaAs 光伏探测器，应将温度控制在–20℃以下。这两个温度的选择基于对上述两种探测器的性能和暗电流特性的深入分析，旨在实现最优的系统性能。温度的稳定度是设计温控电路的另一个关键参数，要求将温差控制在±0.1℃范围内。这一严格要求能确保该探测器在长时间工作过程中保持高度一致的性能，保证测量结果的准确性。为了实现此设计，温控电路需要采用高精度的温度传感器和温控算法。温度传感器可以实时监测该探测器的温度，并提供精确的温度反馈信号。温控算法根据温度反馈信号自动调节制冷系统的运行状态，实现对该探测器温度的精确控制。具体指标的详细论述和设计方法可以在文献[63]中找到。该文献提供了温控电路设计的理论和实践指导，对于实现本设计具有重要的参考价值。总之，通过精心设计温控电路，可以有效控制该探测器的工作温度，降低暗电流，提高信噪比，满足系统降额和信噪比的需求，这样不仅能提高该探测器性能的稳定性，而且能为多通道偏振辐射计的高精度测量提供坚实的技术基础。

3.2.4　偏振解析方向的测量

多通道偏振辐射计的核心功能在于能够精确探测和测量目标的偏振特性。这种核心功能基于一系列偏振解析方向不同的检偏器组合。它们协同工作，对入射光的不同偏振状态进行探测和分析。这些检偏器的配置和性能直接影响偏振测量的准确性和可靠性。

在进行偏振测量时，检偏器之间的相对角度误差是一个至关重要的参数。如果这些角度没有被精确控制，那么偏振测量结果就会出现偏差，影响偏振成像仪的偏振测量精度。在高精度定量化偏振遥感领域，相对角度误差的控制尤为关键，它直接关系着能否获得准确的偏振信息，影响遥感数据的解释和应用。

然而，在实际的偏振测量过程中，许多因素都可能对偏振解析方向的测量精度造成影响。例如，光源的波动可能会引入额外的不确定性，影响检偏器接收到的光强，进而影响偏振度的计算。此外，探测器的响应非线性也是一个不容忽视的因素。如果探测器对不同强度的光的响应不一致，那么在测量不同的偏振光时，就可能产生系统误差。为了提高偏振解析方向的测量精度，需要采取一系列措施来减少系统误差的影响。首先，可以通过使用高质量的光源和稳定的电源来减少光源的波动。其次，可以通过校准探测器的响应特性来补偿或消除探测器的非线性响应。最后，可以通过高精度的角度测量和控制系统来确保检偏器之间的相对角度精确无误。

假设目标光束的斯托克斯参数为 $S_i=(I_i,Q_i,U_i,V_i)^{\mathrm{T}}$，非理想偏振片的最大透过率为 t_x、最小透过率为 t_y，入射线偏振光与偏振片透过轴方向的夹角为 θ，当入射线偏振光通过米勒矩阵为 M_a 的偏振器件后，若忽略圆偏振，则 InGaAs 光伏探测器实际接收到的透过偏振片的总出射光强为

$$L_k\left(\theta\right)=\frac{1}{2}\left[\left(t_x+t_y\right)\boldsymbol{I}+\left(t_x-t_y\right)\boldsymbol{Q}\cos 2\alpha_k+\left(t_x-t_y\right)\boldsymbol{U}\sin 2\alpha_k\right] \quad (3.24)$$

假设在检偏器装调过程中产生的相对角度误差（相对于 0° 的偏振方位）为 δ_{60} 和 δ_{120}，若不考虑通道间的视场不一致等因素，仅考虑偏振片的透过率和解析方向差异，则在目标光束通过 3 个偏振片后，斯托克斯参数为

$$\begin{pmatrix} \boldsymbol{I} \\ \boldsymbol{Q} \\ \boldsymbol{U} \end{pmatrix}=2\begin{bmatrix} \left(t_{1x}+t_{1y}\right) & \left(t_{1x}-t_{1y}\right)\cos 2\alpha_0 & \left(t_{1x}-t_{1y}\right)\sin 2\alpha_0 \\ \left(t_{2x}+t_{2y}\right) & \left(t_{2x}-t_{2y}\right)\cos 2\alpha_1 & \left(t_{2x}-t_{2y}\right)\sin 2\alpha_1 \\ \left(t_{3x}+t_{3y}\right) & \left(t_{3x}-t_{3y}\right)\cos 2\alpha_2 & \left(t_{3x}-t_{3y}\right)\sin 2\alpha_2 \end{bmatrix}^{-1}\cdot\begin{pmatrix} L(0) \\ L(60) \\ L(120) \end{pmatrix} \quad (3.25)$$

式中，t_{1x}、t_{2x}、t_{3x} 分别为 3 个偏振片的最大透过率；

t_{1y}、t_{2y}、t_{3y} 分别为 3 个偏振片的最小透过率；

$L(0)$、$L(60)$ 和 $L(120)$ 分别为 3 个通道中 InGaAs 光伏探测器实际接收到的透过偏振片的总出射光强。

通常采用的偏振片或偏振器的消光比为 10^{-3} 级别，消光质量较好的偏振片或偏振器的消光比可达 10^{-4} 级别及以上。本章采用的消光比为 10^{-3} 级别，有（$t_{1x}+t_{1y}$）=

$(t_{2x}+t_{2y})=(t_{3x}+t_{3y})=0.999\approx1$，$(t_{1x}-t_{1y})=(t_{2x}-t_{2y})=(t_{3x}-t_{3y})=0.997\approx1$。

理论上，偏振解析方向应为 $\alpha_0=0°$，$\alpha_1=60°$，$\alpha_2=120°$，但实际装调后，偏振解析方向并不是标准的 $\alpha_0=0°$，$\alpha_1=60°$，$\alpha_2=120°$，若此时仍以 0°为基准，其他通道偏振解析方向偏离理想位置的量分别为 δ_{60}、δ_{120}，则 InGaAs 光伏探测器实际接收到的透过偏振片的总出射光强为

$$
\begin{cases}
L_0 = \boldsymbol{I}_{\mathrm{in}} \times \left(1+P_{\mathrm{in}}\cos 2\left(\chi\right)\right) \\
L_{60} = \boldsymbol{I}_{\mathrm{in}} \times \left(1+P_{\mathrm{in}}\cos 2\left(\dfrac{\pi}{3}-\chi+\delta_{60}\right)\right) \\
L_{120} = \boldsymbol{I}_{\mathrm{in}} \times \left(1+P_{\mathrm{in}}\cos 2\left(\dfrac{2\pi}{3}-\chi+\delta_{120}\right)\right)
\end{cases}
\tag{3.26}
$$

将 $\alpha_0=0°$，$\alpha_1=60°$，$\alpha_2=120°$ 及式（3.26）代入式（3.25）中，然后利用测量值与入射光偏振度的差值计算线偏振度误差 $\Delta\mathrm{DoLP}$，利用 MATLAB 进行分析。图 3.10 所示为偏振解析方向相对角度对偏振度的敏感性。

从图 3.10 中可以看出，偏振解析方向存在一个理想的偏移角度 1°，由于在使用此偏移角度进行偏振度测量时，会出现 2%的线偏振度误差，因此必须对偏振解析方向进行精确的测量。

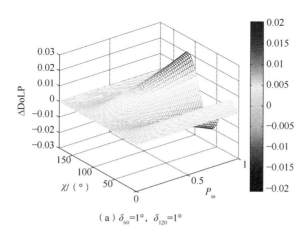

（a）δ_{60}=1°，δ_{120}=1°

图 3.10　偏振解析方向相对角度对偏振度的敏感性

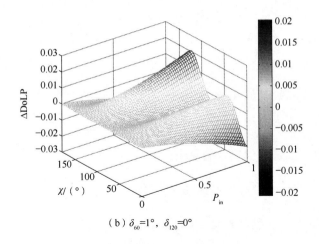

（b）$\delta_{60}=1°$，$\delta_{120}=0°$

注：此图为彩图，见前言中的二维码

图 3.10　偏振解析方向相对角度对偏振度的敏感性（续）

对偏振解析方向进行测量时，不可避免地会存在测量误差，设测量误差分别为 $\delta\alpha_1$、$\delta\alpha_2$，由这两个测量误差导致的线偏振度误差用 $\delta\mathrm{DoLP}$ 表示，计算公式为

$$\delta\mathrm{DoLP}=\frac{\partial P}{\partial \alpha_1}\bigg|_{\alpha_1,P_{in},\chi}\cdot\delta\alpha_1+\frac{\partial P}{\partial \alpha_2}\bigg|_{\alpha_2,P_{in},\chi}\cdot\delta\alpha_2 \qquad (3.27)$$

利用 MATLAB 对式（3.27）进行敏感性分析，结果如图 3.11 所示。由图 3.11（a）和图 3.11（b）可见，当 P_{in} 和 χ 变化时，线偏振度误差会发生变化，在图示条件下最大的线偏振度误差发生在 P_{in} 为 1、χ 为 0°时；由图 3.11（c）和图 3.11（d）可见，当 α_1 及 α_2 分别在理想位置发生±10°变化，相对角度误差相同时，线偏振度误差最大值会发生在（0°，50°，130°）检偏方向组合时；由图 3.11（e）和图 3.11（f）可见，相对角度误差在-0.5°～0.5°范围内变化时，其引入的线偏振度误差变化，在两个通道变化方向相反时，线偏振度误差取得最大值。

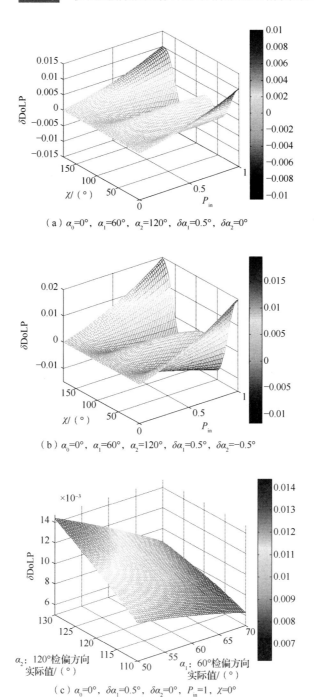

（a）$\alpha_0=0°$，$\alpha_1=60°$，$\alpha_2=120°$，$\delta\alpha_1=0.5°$，$\delta\alpha_2=0°$

（b）$\alpha_0=0°$，$\alpha_1=60°$，$\alpha_2=120°$，$\delta\alpha_1=0.5°$，$\delta\alpha_2=-0.5°$

（c）$\alpha_0=0°$，$\delta\alpha_1=0.5°$，$\delta\alpha_2=0°$，$P_{in}=1$，$\chi=0°$

图 3.11　由相对角度误差导致的线偏振度误差变化 1

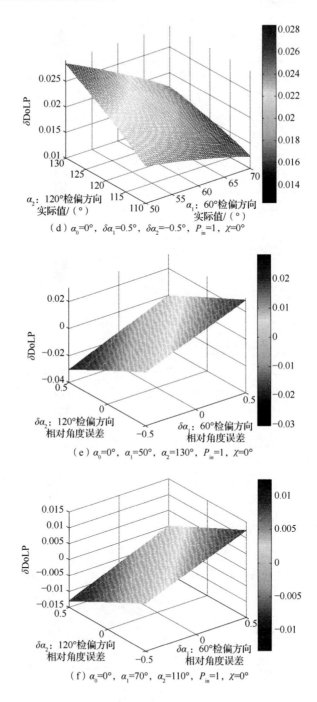

（d）$\alpha_0=0°$，$\delta\alpha_1=0.5°$，$\delta\alpha_2=-0.5°$，$P_{in}=1$，$\chi=0°$

（e）$\alpha_0=0°$，$\alpha_1=50°$，$\alpha_2=130°$，$P_{in}=1$，$\chi=0°$

（f）$\alpha_0=0°$，$\alpha_1=70°$，$\alpha_2=110°$，$P_{in}=1$，$\chi=0°$

注：此图为彩图，见前言中的二维码

图 3.11　由相对角度误差导致的线偏振度误差变化 1（续）

图 3.11（a）在 α_0=0°，α_1=60°，α_2=120°，$\delta\alpha_1$=0.5°，$\delta\alpha_2$=0°的条件下，当 P_{in} 及 χ 变化时，相对角度误差导致的线偏振度误差变化。图 3.11（b）为在 α_0=0°，α_1=60°，α_2=120°，$\delta\alpha_1$=0.5°，$\delta\alpha_2$=−0.5°的条件下，当 P_{in} 及 χ 变化时，相对角度误差导致的线偏振度误差变化。图 3.11（c）为在 α_0=0°，$\delta\alpha_1$=0.5°，$\delta\alpha_2$=0°，P_{in}=1，χ=0°的条件下，α_1 及 α_2 分别在理想位置变化±10°时相对角度误差导致的线偏振度误差变化。图 3.11（d）为在 α_0=0°，$\delta\alpha_1$=0.5°，$\delta\alpha_2$=−0.5°，P_{in}=1，χ=0°的条件下，α_1 及 α_2 分别在理想位置变化±10°时，相对角度误差导致的线偏振度误差变化。图 3.11（e）为在 α_0=0°，α_1=50°，α_2=130°，P_{in}=1，χ=0°的条件下，α_1 及 α_2 分别在理想位置变化±10°时，相对角度误差导致的线偏振度误差变化。图 3.11（f）为在 α_0=0°，α_1=70°，α_2=110°，P_{in}=1，χ=0°的条件下，α_1 及 α_2 分别在理想位置变化±10°时，相对角度误差导致的线偏振度误差变化。

图 3.11 揭示了不同参数变化对线偏振度误差的影响。基于这些信息，使用 MATLAB 对各参数进行了详尽的遍历分析，以识别可能出现最大测量误差的位置。这一过程涉及对相对角度误差及其对线偏振度误差的影响进行定量分析。分析结果如图 3.12 所示。图 3.12 表明，在一定的条件下，相对角度误差与线偏振度误差为线性关系。这种关系对于理解测量误差的传递机制至关重要，可以帮助预测和控制测量过程中的不确定性。

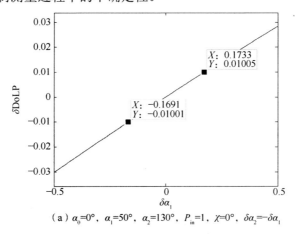

（a）α_0=0°，α_1=50°，α_2=130°，P_{in}=1，χ=0°，$\delta\alpha_2$=−$\delta\alpha_1$

图 3.12　由相对角度误差导致的线偏振度误差变化 2

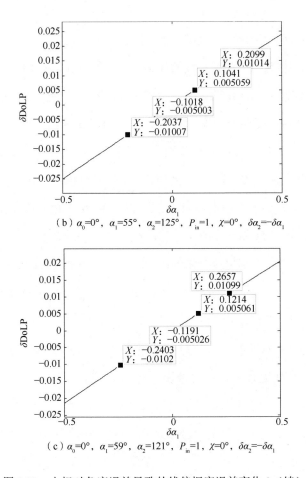

（b）$\alpha_0=0°$，$\alpha_1=55°$，$\alpha_2=125°$，$P_{in}=1$，$\chi=0°$，$\delta\alpha_2=-\delta\alpha_1$

（c）$\alpha_0=0°$，$\alpha_1=59°$，$\alpha_2=121°$，$P_{in}=1$，$\chi=0°$，$\delta\alpha_2=-\delta\alpha_1$

图 3.12　由相对角度误差导致的线偏振度误差变化 2（续）

　　当 3 个通道的装调位置发生变化时，这些变动导致的线偏振度误差会随着相对角度误差的变化而变化。当 3 个通道的装调位置发生变化时，线偏振度误差为 1% 对应的相对角度误差不同。在图 3.12（a）中，当 α_1 为 50°（60°通道在装调时偏离理想位置-10°），α_2 为 130°（120°通道在装调时偏离理想位置 10°）时，为了在 $P_{in}=1$、$\chi=0°$ 时，实现最大线偏振度误差不超过 1% 的偏振测量精度，所需的相对角度误差必须小于 0.1681°。

　　图 3.12（b）提高了装调精度，将装调精度提升了 5°，即 α_1 调整为 55°，α_2 调整为 125°。在这种情况下，为了实现在 $P_{in}=1$、$\chi=0°$ 时线偏振度误差在 1% 以内，相对角度误差要被控制在 0.2037° 以下。如果要求的精度更高，如

实现 0.5%的偏振测量精度，则相对角度误差要被控制在 0.1°以下。

图 3.12（c）进一步提高了装调精度，此时 α_1 为 59°，α_2 为 121°。在这种情况下，为了实现在 P_{in}=1、χ=0°时线偏振度误差小于 1%，相对角度误差要被控制在 0.2403°以下。相应地，如果要实现 0.5%的偏振测量精度，则相对角度误差要被控制在 0.11°以下。

上述分析不仅突显了高精度装调在偏振测量中的重要性，也指出了实现高偏振测量精度所需的严格条件。它们为设计和优化多通道偏振辐射计提供了重要的指导，特别是在提高装调精度和控制相对角度误差方面。通过对这些关键参数进行精确控制可以显著提高偏振测量的准确性和可靠性，满足高精度遥感和光学测量的需求。

此外，上述分析还揭示了在设计多通道偏振辐射计时需要权衡利弊，如在装调精度和可接受的相对角度误差之间找到平衡点，这样可以更好地优化测量过程，提高仪器的整体性能，为科学研究和实际应用提供坚实的技术基础。

在对偏振测量精度最为敏感的 P_{in}=1、χ=0°的条件下，多通道偏振辐射计为了实现线偏振度误差小于 0.5%，要求装调误差在±5°以内，同时相对角度误差应小于 0.1°。

3.2.5 探测目标视场重合度

由于地表的差异，目前还没有合适且高效的对视场不重合进行校正的方法。Christopher M. Persons 等研究了像移的数量与线偏振度误差的关系，指出像移的数量与线偏振度误差成正比，像移的数量越多，线偏振度误差越大。研究结果表明，在像移的数量小于等于 0.1 个像元时，由像移导致的线偏振度误差小于 0.5%。所以在使用多通道偏振辐射计的过程中首先要保证装调误差符合要求。

3.2.6 滤光片特性差异

通常通过带内透过率、带外透过率、平面度、均匀性等评价滤光片的优劣。光学系统的瞬时视场较小，可将光学系统看作近轴理想光学系统，带内透过率和带外透过率对其影响较大。由于光学系统的相对透过率受滤光片的带内透过率、探测器的响应值和其他光学元件的光谱差异的影响，因此对带内透过率差异的要求与对相对透过率差异的要求相同。本节主要介绍带外响应信号对偏振测量精度的影响。

滤光片作为光学系统中的关键组件，其性能的优劣直接影响整个光学系统测量结果的准确性和可靠性。带内透过率、带外透过率、平面度、均匀性等共同决定了滤光片在光学系统中的性能，尤其是在偏振测量这种对光谱特性要求极高的测量中。

带内透过率用于衡量滤光片允许目标波段的光通过的能力，带外透过率用于衡量滤光片抑制非目标波段的光通过的能力。在理想情况下，滤光片应具有高带内透过率以确保目标波段的光能够有效通过，同时具有低带外透过率以抑制非目标波段的光通过，避免其对测量结果造成干扰。

带外响应信号即非目标波段的响应信号，在响应过程中可能会引入误差，影响偏振测量结果的准确性。为了减小这种影响，本节提出了具体的性能指标，旨在最小化并量化带外响应信号对偏振测量精度的潜在影响。根据具体指标对所购买的滤光片进行筛选，筛选带外响应信号可以忽略不计且相对透过率不一致性较低的滤光片。这样的滤光片更稳定、更可靠，对提高偏振测量精度有重要意义。具体的筛选过程和方法在 4.2 节中有详细的论述。

通过细致的分析和筛选工作可以确保所选用的滤光片满足高精度测量的需求。这不仅对科学研究具有重要意义，而且为遥感测量提供了坚实的技术基础。通过对滤光片的性能进行深入研究并对其进行优化，可以不断改进偏振测量技术。

在实际测量时，带外响应信号通常会被忽略，即 $S_{\text{OOB}}^k = 0$，实际上带外响应信号不为零。本节分析忽略带外响应信号对偏振测量精度的影响。

线偏振度可以通过式（3.9）来计算。为了分析带外响应信号对偏振测量精度的影响，可使 $\text{DC}^k = 0$（$k=0$、1、2）。线偏振度可以通过式（3.28）和式（3.29）计算得到。

$$\begin{bmatrix} \boldsymbol{I} \\ \boldsymbol{Q} \\ \boldsymbol{U} \end{bmatrix} = \frac{1}{L_{\text{bsw}}(\lambda)} \begin{bmatrix} 1 & \cos 2\alpha_0 & \sin 2\alpha_0 \\ 1 & \cos 2\alpha_{60} & \sin 2\alpha_{60} \\ 1 & \cos 2\alpha_{120} & \sin 2\alpha_{120} \end{bmatrix}^{-1} \begin{bmatrix} (\text{DN}^0 - S_{\text{OOB}}^0) / R_0 \\ (\text{DN}^1 - S_{\text{OOB}}^1) / R_1 \\ (\text{DN}^2 - S_{\text{OOB}}^2) / R_2 \end{bmatrix} \qquad (3.28)$$

$$P = \frac{\sqrt{\boldsymbol{Q}^2 + \boldsymbol{U}^2}}{\boldsymbol{I}} \qquad (3.29)$$

设带外响应信号变化量为 ΔS_{OOB}^k，探测器 DN 值为 DN^k，带内响应信号为 DN_λ^k，若引入相对于带内响应信号 DN_λ^k 的带外响应信号变化率 $\Delta t S_{\text{OOB}}^k$，则 $\Delta t S_{\text{OOB}}^k$ 的计算公式为

$$\Delta t S_{\text{OOB}}^k = \frac{\Delta S_{\text{OOB}}^k}{\text{DN}_\lambda^k} = \frac{\Delta S_{\text{OOB}}^k}{\text{DN}^k - \Delta S_{\text{OOB}}^k} \qquad (3.30)$$

则 ΔS_{OOB}^k 为

$$\Delta S_{\text{OOB}}^k = \frac{\text{DN}^k \times \Delta t S_{\text{OOB}}^k}{1 + \Delta t S_{\text{OOB}}^k} = \text{DN}_\lambda^k \times \Delta t S_{\text{OOB}}^k \qquad (3.31)$$

在理想情况下 $S_{\text{OOB}}^0 = 0$，绝对响应度分别为 R_0、R_1、R_2，有

$$\begin{cases} \dfrac{R_2}{R_0} = \dfrac{T_1}{T_0} \\[2mm] \dfrac{R_2}{R_0} = \dfrac{T_2}{T_0} \end{cases} \qquad (3.32)$$

在理想情况下，即 $S_{\text{OOB}}^{k}=0$（$k=0$、1、2）时：

$$\begin{cases} DN^0 = DN \\ \\ DN^1 = \dfrac{DN \times T_1 \times \left[1 + P_{\text{in}}\cos 2\left(\dfrac{\pi}{3} + \chi\right)\right]}{T_0 \left[1 + P_{\text{in}}\cos 2(\chi)\right]} \\ \\ DN^2 = \dfrac{DN \times T_2 \times \left[1 + P_{\text{in}}\cos 2\left(\dfrac{2\pi}{3} + \chi\right)\right]}{T_0 \left[1 + P_{\text{in}}\cos 2(\chi)\right]} \end{cases} \tag{3.33}$$

当存在 $\Delta t S_{\text{OOB}}^{k}$ 且 3 个通道的带内响应信号不变时，3 个通道探测器的实际 $DN^{k'}$ 值为

$$\begin{cases} DN^{0'} = DN \times \left(1 + \Delta t S_{\text{OOB}}^0\right) \\ \\ DN^{1'} = \dfrac{DN \times T_1 \times \left[1 + P_{\text{in}}\cos 2\left(\dfrac{\pi}{3} + \chi\right)\right]}{T_0 \left[1 + P_{\text{in}}\cos 2(\chi)\right]} \times \left(1 + \Delta t S_{\text{OOB}}^1\right) \\ \\ DN^{2'} = \dfrac{DN \times T_2 \times \left[1 + P_{\text{in}}\cos 2\left(\dfrac{2\pi}{3} + \chi\right)\right]}{T_0 \left[1 + P_{\text{in}}\cos 2(\chi)\right]} \times \left(1 + \Delta t S_{\text{OOB}}^2\right) \end{cases} \tag{3.34}$$

将式（3.34）及 $S_{\text{OOB}}^{k}=0$ 代入式（3.28）及式（3.29）中即可算出存在带外响应信号而计算时却忽略带外响应信号所得到的偏振度 P_{m}，此时线偏振度误差 ΔDoLP 可由式（3.35）计算得到：

$$\Delta \text{DoLP} = P_{\text{m}} - P_{\text{in}} \tag{3.35}$$

利用 MATALB 对式（3.35）进行分析，结果如图 3.13 和图 3.14 所示。

从图 3.13（a）中可以看出，当其他条件一定，入射光偏振朝向角不同时，由 3 个通道的带外响应信号变化率导致的线偏振度误差不同，入射光偏振度为零，入射光偏振朝向角变化时，线偏振度误差保持不变且较大。

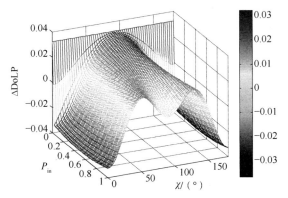

（a）$T_0=T_1=T_2=1$，$\Delta tS^0_{OOB}=0$，$\Delta tS^1_{OOB}=5\%$，$\Delta tS^2_{OOB}=5\%$，DN=20000

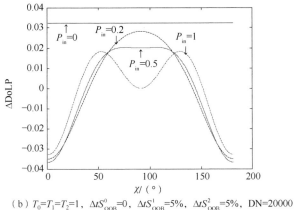

（b）$T_0=T_1=T_2=1$，$\Delta tS^0_{OOB}=0$，$\Delta tS^1_{OOB}=5\%$，$\Delta tS^2_{OOB}=5\%$，DN=20000

注：此图为彩图，见前言中的二维码

图 3.13 由入射光偏振度及入射光偏振朝向角与带外响应信号变化率导致的线偏振度误差变化

图 3.14（a）为在固定条件下，3 个通道的 $\Delta tS^0_{OOB}=0$，且 ΔtS^1_{OOB} 和 ΔtS^2_{OOB} 从 0 变化至 0.05 时，线偏振度误差的变化情况，可以看出，当 $\Delta tS^1_{OOB}=\Delta tS^2_{OOB}=0.05$ 时，线偏振度误差绝对值最大。图 3.14（b）为 ΔtS^0_{OOB}、ΔtS^1_{OOB} 和 ΔtS^2_{OOB} 皆从 0 变化至 0.05，且 $\Delta tS^1_{OOB}=\Delta tS^2_{OOB}$ 时，线偏振度误差的变化情况，可以看出，当 $\Delta tS^0_{OOB}=0$，$\Delta tS^1_{OOB}=\Delta tS^2_{OOB}=0.05$，以及 $\Delta tS^0_{OOB}=0.05$，$\Delta tS^1_{OOB}=\Delta tS^2_{OOB}=0$ 时，线偏振度误差绝对值最大。图 3.14（c）为在 $\Delta tS^0_{OOB}=0$，ΔtS^1_{OOB} 和 ΔtS^2_{OOB} 从 0 变化至 0.05 的条件下，当 $\Delta tS^1_{OOB}=\Delta tS^2_{OOB}$，且 0°检偏方向通道的 DN 值从−32768 变化至 32768 时，线偏振度误差不会发生变化。图 3.14（d）为在 $\Delta tS^0_{OOB}=0$，ΔtS^1_{OOB} 和 ΔtS^2_{OOB} 从

0 变化至 0.05 的条件下，当 $\Delta tS_{OOB}^1 = \Delta tS_{OOB}^2$，$T_1$、$T_2$ 从 0.9 变化到 1 时，线偏振度误差不会发生变化。

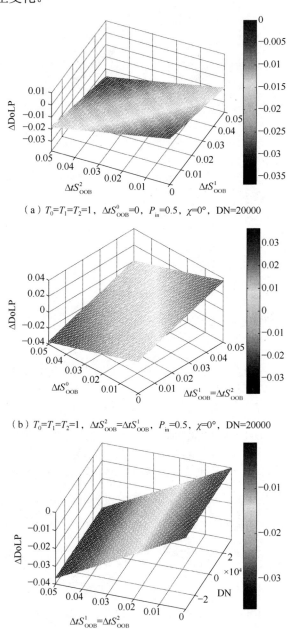

（a）$T_0 = T_1 = T_2 = 1$，$\Delta tS_{OOB}^0 = 0$，$P_{in} = 0.5$，$\chi = 0°$，DN=20000

（b）$T_0 = T_1 = T_2 = 1$，$\Delta tS_{OOB}^2 = \Delta tS_{OOB}^1$，$P_{in} = 0.5$，$\chi = 0°$，DN=20000

（c）$T_0 = T_1 = T_2 = 1$，$\Delta tS_{OOB}^0 = 0$，$\Delta tS_{OOB}^2 = \Delta tS_{OOB}^1$，$P_{in} = 0.5$，$\chi = 0°$

图 3.14　由 3 个通道的带外响应信号变化率导致的线偏振度误差变化

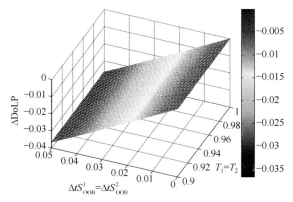

（d） $T_0=1$， $T_1=T_2$， $\Delta t S_{OOB}^0=0$， $\Delta t S_{OOB}^2=\Delta t S_{OOB}^1$， $P_{in}=0.5$， $\chi=0°$，DN=20000

注：此图为彩图，见前言中的二维码

图 3.14 由 3 个通道的带外响应信号变化率导致的线偏振度误差变化（续）

令 DN=20000， $T_0=T_1=T_2=1$， $P_{in}=0$、 $\chi=0°$或者 $P_{in}=0.5$、 $\chi=0°$以及 P_{in} =0.2、 $\chi=90°$， $\Delta t S_{OOB}^0=0$， $\Delta t S_{OOB}^1=\Delta t S_{OOB}^2$，且 $\Delta t S_{OOB}^1$ 从 0 变化至 0.05 时，由带外响应信号变化率导致的线偏振度误差的变化如图 3.15 所示。

在图 3.15（a）中，当 $\Delta t S_{OOB}^0=0$， $\Delta t S_{OOB}^1=\Delta t S_{OOB}^2$=0.007503 时， $\Delta DoLP$ =0.004977；在图 3.15（b）中，当 $\Delta t S_{OOB}^0=0$， $\Delta t S_{OOB}^1=\Delta t S_{OOB}^2$=0.006637 时， $\Delta DoLP$ =−0.004961；在图 3.15（c），当 $\Delta t S_{OOB}^0=0$， $\Delta t S_{OOB}^1=\Delta t S_{OOB}^2$=0.008561 时， $\Delta DoLP$ =0.004991。

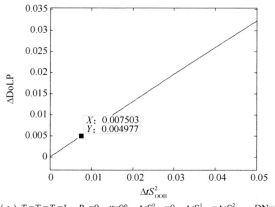

（a） $T_0=T_1=T_2=1$， $P_{in}=0$， $\chi=0°$， $\Delta t S_{OOB}^0=0$， $\Delta t S_{OOB}^1=\Delta t S_{OOB}^2$，DN=20000

图 3.15 由带外响应信号变化率导致的线偏振度误差的变化

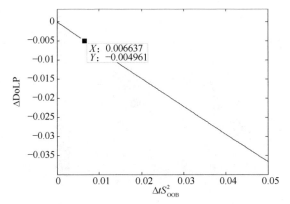

（b）$T_0=T_1=T_2=1$，$P_{in}=0.5$，$\chi=0°$，$\Delta t S^0_{OOB}=0$，$\Delta t S^1_{OOB}=\Delta t S^2_{OOB}$，DN=20000

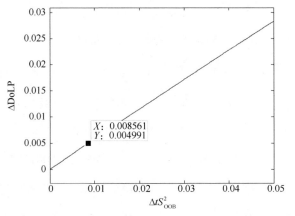

（c）$T_0=T_1=T_2=1$，$P_{in}=0.2$，$\chi=90°$，$\Delta t S^0_{OOB}=0$，$\Delta t S^1_{OOB}=\Delta t S^2_{OOB}$，DN=20000

图 3.15　由带外响应信号变化率导致的线偏振度误差的变化（续）

　　根据以上分析，为了保证在忽略带外响应信号的情况下，由 3 个通道的带外响应信号导致的线偏振度误差小于 0.5%，要求带外响应信号变化率小于 0.6%，即带外透过率与带内透过率的比值应小于 0.6%。

3.2.7　偏振片特性差异

　　通常通过消光比、平面度、均匀性等评价偏振片的优劣。由于光学系统的瞬时视场较小，可将光学系统看作近轴理想光学系统，平面度与均匀性对偏振片性能的影响比消光比小。本节主要介绍偏振片的消光比对偏振测量精度的影响，以及消光比的常用测量方法。

假设偏振片的最大透过率为 t_x，最小透过率为 t_y，建立系统坐标系，其中，入射线偏振光与偏振片透过轴方向的夹角为 θ，若不考虑圆偏振，则通道偏振片的米勒矩阵为

$$\boldsymbol{M}_{\mathrm{p}}\left(\theta\right)=\frac{1}{2}\begin{bmatrix} t_x^2+t_y^2 & \left(t_x^2-t_y^2\right)\cos 2\theta & \left(t_x^2-t_y^2\right)\sin 2\theta \\ \left(t_x^2-t_y^2\right)\cos 2\theta & \left(t_x^2+t_y^2\right)\cos^2 2\theta+2t_xt_y\sin^2 2\theta & \left(t_x-t_y\right)^2\cos 2\theta\sin 2\theta \\ \left(t_x^2-t_y^2\right)\sin 2\theta & \left(t_x-t_y\right)^2\cos 2\theta\sin 2\theta & \left(t_x^2+t_y^2\right)\sin^2 2\theta+2t_xt_y\cos^2 2\theta \end{bmatrix}$$

（3.36）

若偏振片的消光比为 e，则 $t_x^2+t_y^2=\left(e^2+1\right)\big/\left(e+1\right)^2=\gamma$，$t_x^2-t_y^2=\left(e^2-1\right)\big/\left(e+1\right)^2=\varepsilon$，得到出射光斯托克斯参数中的光强 $\boldsymbol{I}'$ 为

$$\boldsymbol{I}'=\frac{1}{2}\left(I\gamma+Q\varepsilon\cos 2\theta+U\varepsilon\sin 2\theta\right) \tag{3.37}$$

式中，$\boldsymbol{I}$、$\boldsymbol{Q}$、$\boldsymbol{U}$ 为 3 个斯托克斯参数。3 个偏振片的消光比分别为 e_0、e_{60} 和 e_{120}，入射光经过 3 个偏振片后，输出的光强分别为 $\boldsymbol{I}_0$、$\boldsymbol{I}_{60}$ 和 $\boldsymbol{I}_{120}$：

$$\begin{pmatrix} \boldsymbol{I}_0 \\ \boldsymbol{I}_{60} \\ \boldsymbol{I}_{120} \end{pmatrix}=\frac{1}{2}\begin{pmatrix} \gamma_0 & \varepsilon_0\cos 2\theta_0 & \varepsilon_0\sin 2\theta_0 \\ \gamma_{60} & \varepsilon_{60}\cos 2\theta_{60} & \varepsilon_{60}\sin 2\theta_{60} \\ \gamma_{120} & \varepsilon_{120}\cos 2\theta_{120} & \varepsilon_{120}\sin 2\theta_{120} \end{pmatrix}\begin{pmatrix} \boldsymbol{I} \\ \boldsymbol{Q} \\ \boldsymbol{U} \end{pmatrix} \tag{3.38}$$

对式（3.38）求逆，可得输出偏振状态的斯托克斯参数 $\left(\boldsymbol{I}',\boldsymbol{Q}',\boldsymbol{U}'\right)^{\mathrm{T}}$，进而可得输出偏振度 P。对消光比进行敏感性因子分析后可知，当入射光为非偏振光，3 个通道采用消光比分别为 10^{-1}、10^{-2}、10^{-3} 级别的偏振片时，消光比及通道间的不一致性带来的误差达 10%、1.2%、0.12%。以消光比为 10^{-3} 级别的偏振片为例，分析通道间消光比对偏振度的影响。如图 3.16 所示，e_0、e_1、e_2 分别表示 0°、60°、120° 3 个通道的消光比，e_0/e_1、e_0/e_2 表征消光比的不一致性。系统设计要求在偏振度为 20%时偏振测量精度优于 1%，从图 3.16 中可以看出 3 个通道均使用消光比为 10^{-3} 级别的偏振片能满足系统设计要求。

在偏振光学测量中，精确地确定输出偏振状态的斯托克斯参数 $\boldsymbol{I}$、$\boldsymbol{Q}$、$\boldsymbol{U}$ 对

计算输出偏振度 P 至关重要。这些参数不仅描述了光的偏振状态，而且对人们理解和分析偏振测量结果至关重要。

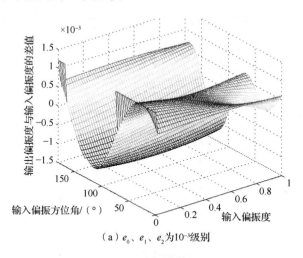

（a）e_0、e_1、e_2 为 10^{-3} 级别

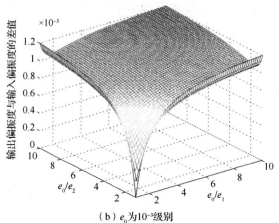

（b）e_0 为 10^{-3} 级别

注：此图为彩图，见前言中的二维码

图 3.16　消光比对偏振度的影响敏感性分析（续）

3.3　本章小结

本章主要推导了用于偏振定标的偏振探测矩阵，建模分析了影响偏振测量精度的多种因素，即检偏通道的归一化响应度、探测器的响应稳定性、暗电流、

偏振解析方向的测量、探测目标视场重合度、滤光片特性差异和偏振片特性差异。仿真了关键参数的影响结果，提出了相应的工程容差限，为提高偏振测量精度提供参考。

通过对检偏通道的归一化响应度变化导致的线偏振度误差进行分析，提出了测量误差指标。根据分析且结合工程实际，要求 3 个通道的相对透过率差异小于 10%，即要求具体的相对透过率比值大于 90%；要求相对透过率的测量误差小于 0.5%。该指标可以用于第 4 章滤光片的带内筛选过程中。

根据 DN 值与绝对响应度的比值分析探测器响应不稳定度对偏振测量精度的影响，然后提出了具体的指标，要求通道等效不稳定度小于 0.3%。该指标主要用于第 4 章多通道偏振辐射计的性能指标测试中。

关于暗电流主要介绍了短波红外通道暗电流的控制方法。对短波红外通道暗电流的控制主要通过控制探测器的温度来实现。在实际温控电路中，将温控指标设计为$-10℃$（InGaAs 1.7 光伏探测器）和$-20℃$（InGaAs 2.6 光伏探测器）时，要求温度的变化应被控制在$±0.1℃$范围内。

偏振解析方向是影响偏振定标的主要因素之一，通过对偏振解析方向的测量精度进行分析，发现偏振解析方向的测量精度与偏振片方位角的装调精度在一定程度上相关，为了实现装调精度和测量精度的合理配合，要求装调误差在$±5°$以内，同时相对角度误差应小于 0.1°。

视场重合度是分孔径同时测量过程中的重要指标，国外学者 Christopher M. Persons 等的研究结果表明，在像移的数量小于等于 0.1 个像元时，由像移导致的线偏振度误差小于 0.5%，所以在使用多通道偏振辐射计的过程中首先要保证装调误差符合要求。

带外响应是辐射测量误差的重要来源，根据仿真分析结果，要求带外响应信号变化率小于 0.6%。偏振片的消光比会影响偏振测量精度，3 个通道应使用消光比为10^{-3}及以上级别的偏振片，这样能基本满足在偏振度为 20%时偏振测量精度优于 1%的设计需求。

偏振测量精度提高方法研究

在建模分析影响多通道偏振辐射计的偏振测量精度的多种因素、仿真关键参数、提出相应的工程容差限的基础上，采用不同的方法降低各因素对偏振测量精度的影响。或提高未知参数定标的测量精度，或提高多通道偏振辐射计使用组件的一致程度，或选用更为理想的器件，或设计更为合适的装调方法，或通过不同的方法控制多通道偏振辐射计产生的测量偏差和噪声等，使偏振测量精度得到提高。本章主要介绍如何降低各因素对偏振测量精度的影响，提高偏振测量精度，同时对多通道偏振辐射计的响应稳定性、线性度、信噪比进行了测试。

4.1 高精度探测器温控方案设计及实现

3.2.3 节介绍了多通道偏振辐射计的短波红外通道暗电流的控制主要通过控制探测器的温度来实现。在实际温控电路中，将温度设为−10℃（InGaAs 1.7 光伏探测器）和−20℃（InGaAs 2.6 光伏探测器）时，要求温度的变化应被控制在±0.1℃范围内。本节提出了基于最优时间控制的高精度探测器温控方案，设计了基于 FPGA 的温控电路单元，实现了小热容负载±0.1℃的温控精度，有效减少了探测器的暗电流和噪声对偏振测量精度的影响。

采用同时测量技术的多光谱遥感系统往往需要多个探测器。本节介绍的高稳定度温控系统可以用于控制星载小型多光谱偏振同时探测系统的短波红外探测器的温度。多通道偏振辐射计就是这样的系统。由于小型化及高稳定度要求，系统的温度控制算法要尽量精简且能够实现高稳定度，同时还要符合航空航天的要求，常规的 PID（比例-积分-微分）算法虽然能够实现高稳定度的温度控制，但是需要多路控制，较为耗费控制器的资源。为了解决这一工程难题，结合系统的特点，使用了开关控制算法。开关控制是时间最优控制中的一种。本章在对工作温控需求进行分析的基础上，根据短波红外探测器的温度稳定性要求，介绍了如何在 FPGA 芯片上实现具体的开关控制算法；完成了制冷型InGaAs 光伏探测器精确温控系统的设计，并在正式产品上实现了 ±0.1℃的高稳定度。通过对正式产品进行温控实验，验证了应用设计的温控指标和温度控制方法可以有效控制短波红外探测器的温度；通过对暗电流的不均匀性进行检测，验证了对探测器暗电流的控制效果。

　　图 4.1 所示为短波红外探测器温控系统的组成，整个系统包括三部分：模拟信号处理模块、由二元制冷探测器及其前放电路共同组成的光机头部，以及探测器温控电路模块。探测器采集热沉的温度，根据此温度通过 TEC（热电制冷器）制冷，实现对探测器温度的控制。

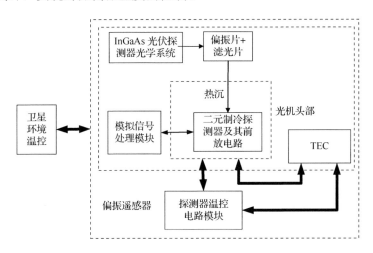

图 4.1　短波红外探测器温控系统的组成

4.1.1　温控算法设计

在现代遥感技术中，小型化和高稳定度是系统设计的重要趋势，特别是在航空航天领域，这些要求变得尤为严格。对于多通道偏振辐射计这种高精度光学测量设备来说，温控算法的性能直接关系着整个系统测量结果的准确性和可靠性。传统的 PID 算法在温控领域被广泛使用，其优势在于能够提供高稳定度的控制效果。PID 算法通过对比例（P）、积分（I）和微分（D）3 个参数进行调整，可以有效地消除系统的静差，提高系统的响应速度，并增强系统的稳定性。然而，当将其用于需要多路控制的复杂系统（如多通道偏振辐射计）中时，每个控制回路都需要独立的 PID 参数调整，这不仅增加了控制器的计算负担，而且可能会因为 PID 参数调整不当而影响控制效果。为了解决这一工程难题，同时满足小型化、高稳定度和航空航天应用的特定需求，系统设计者采用了开关控制算法。开关控制算法是一种基于二进制逻辑的控制方法，它通过简单的开/关决策来控制温度，实现对系统温度的精确控制。与 PID 算法相比，开关控制算法在实现高稳定度的同时，具有算法简单、资源占用少、易于实现多路控制等优点。开关控制算法的关键在于确定合适的控制阈值和切换频率。控制阈值决定了何时开启或关闭温控设备，切换频率影响控制的平滑性和系统的响应速度。通过对这些参数进行精确调整，开关控制算法能够在保证系统稳定性的同时，减少对控制器资源的占用。

此外，开关控制算法还可以与其他控制策略相结合形成复合控制算法，进一步提高系统的控制性能。例如，开关控制算法可以与模糊控制算法、自适应控制算法等相结合，利用这些算法的优势来优化开关控制参数，提高系统的控制精度和稳定性。在航空航天应用中，系统还需要考虑环境的特殊性，如温度变化范围大、空间辐射环境复杂等。因此，开关控制算法还需要具备一定的自适应能力，能够根据环境变化自动调整开关控制参数，以适应不同的工作条件。总之，通过精心设计的开关控制算法，可以有效地解决多通道偏振辐射计在小型化、高稳定度和航空航天应用方面的温控问题。

Pontryagin 于 1956 年提出了极大值原理。用极大值原理可以设计出控制变量 $|u(t)|$ 小于或等于 1 时的最优控制系统，而在工程上 $|u(t)|$ 只取 1 和 –1 两个值，并且要依照一定的法则进行切换，使得系统从一个初始状态转到另一个状态所经历的时间最短，这种类型的最优控制系统称为开关控制系统，即

$$u_k = \begin{cases} u_{\max} & e(k) > 0 \\ 0 & e(k) \leqslant 0 \end{cases} \tag{4.1}$$

式中，u_k 为 $t = kT$ 时控制器的输出；

$u_{\max}$ 为系统的最大输出；

$e(k)$ 为温度给定值与测量值之差，当此差值大于 0 时，控制器输出控制量的最大值，当此差值小于或等于 0 时，控制器停止输出。

这种系统具有控制简单、实现方便等优点，特别适用于具有环境温度控制功能且控制算法要求安全简单的航空航天型红外探测器温控电路，能使环境温度保持稳定，仅对探测器内部较小区域内的温度具有较高的稳定性要求。开关控制算法简单，但是在上述差值接近 0 时，系统容易发生振荡，根据系统的特点，采用两种方法对其进行改进。首先，将每次输出的控制量降低，同时提高系统的温度采样频率、温度的最小分辨率和控制量输出的频次，在环境温度无急剧变化且系统发热量较为稳定的条件下，使系统在要求的温度范围内振荡；其次，为了提高系统的快速响应能力，将开关控制算法改为三段式开关控制算法，如式（4.2）所示。

$$u_1 = \begin{cases} u_{\max} & e(k) > \varepsilon_1 \\ u_1 & \varepsilon_2 < e(k) < \varepsilon_1 \\ 0 & e(k) < \varepsilon_2 \end{cases} \tag{4.2}$$

在实际工程中使用 FPGA 芯片作为控制单元，基于开关控制算法产生脉冲宽度调制（PulseWidth Modulation，PWM）信号，驱动外部场效应晶体管（Field

Effect Transistor，FET）电路，将 PWM 信号转换为电信号，驱动 TEC 制冷。

在多通道偏振辐射计的温控系统中，温控算法的实现是确保多通道偏振辐射计在各种环境条件下稳定运行的关键。图 4.2 所示为温控算法控制流程，它详细描述了从温度采集到温度控制指令输出过程中的每一个步骤。

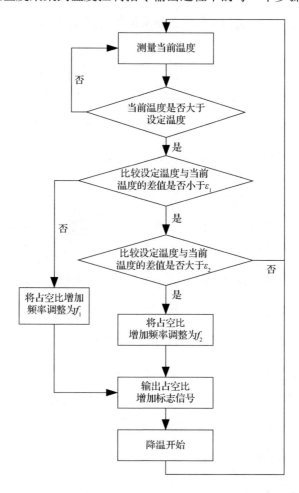

图 4.2　温控算法控制流程

FPGA 软件具体实现框图如图 4.3 所示，该图显示了 FPGA 软件的架构和功能划分。整个软件被精心设计为 6 个关键功能模块，每个模块都有各自的职责和功能，共同确保整个系统的协调运作，使系统具有优良性能。

（1）RS422 异步串行通信模块：此模块是系统与外界通信的桥梁，负责基于 RS422 标准的异步数据通信。它能够接收来自外部的数据，并将其同步到系统的处理流程中，同时将系统的状态和数据发送至外部监控单元。

（2）温控流程控制模块：作为系统的核心，此模块根据接收到的参数和指令，触发并管理温度控制流程。它负责监控温度变化，根据设定的温度和控制策略，智能调节温度，确保系统在最佳状态下运行。

（3）A/D 采集及通道切换控制模块：此模块的功能是响应温控流程控制模块的指令，精确地完成各个通道的切换。通过驱动通道切换控制信号接口，输出高低电平信号，实现通道的快速切换。同时，它还负责发送 A/D 转换控制信号，以完成对传感器数据的读取和转换。

（4）九路 PWM 控制模块：此模块根据串口接收的升降温速度指令，以及温控流程控制模块发送的每一路升降温标志指令，智能地调节九路 PWM 信号的输出。通过精确控制 PWM 信号的占空比，实现对温度的精细调节。

（5）遥测参数组包模块：遥测功能对于远程监控至关重要。此模块负责组织和封装遥测参数，包括温控电路的控制状态、实时温度、电流遥测值、热沉温度和基准电压遥测值等，形成应答帧内容，实现对系统状态的实时监控和反馈。

（6）复位信号处理模块：此模块确保系统的稳定性和可靠性。它主要负责处理板上复位信号，实现异步复位和同步释放功能。在系统发生异常或需要重新启动时，此模块能够迅速响应，保证系统安全、准确地恢复到初始状态。

这些模块的设计充分考虑了系统的实时性、稳定性和灵活性。每个模块都能独立运行及与其他模块协同工作，提高系统的可维护性和可扩展性。此外，这些模块还考虑了异常处理和系统安全，确保系统在各种情况下都能稳定运行。

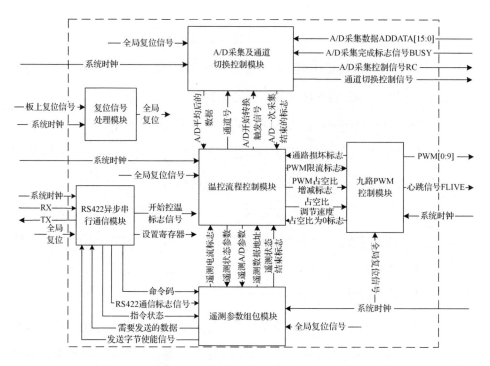

图 4.3　FPGA 软件具体实现框图

硬件电路通过运算放大器实现电流隔离与放大，并通过控制大功率三极管的基极电流来控制 TEC 制冷电流。图 4.4 所示为系统硬件电路框图。整个硬件电路包括供电模块、FPGA 模块、A/D 采集模块、通道切换模块、探测器温度采集模块和温控执行模块。

硬件电路的设计和实现是确保系统稳定运行的关键因素之一。在本系统中，硬件电路采用精密的运算放大器来完成电流的隔离和放大工作。运算放大器能够有效地隔离输入信号与输出信号，防止外部噪声的干扰，同时对信号进行必要的放大，以符合后续电路对信号强度的要求。硬件电路中还有控制大功率三极管基极电流的电路，这是对 TEC 制冷电流进行精确控制的关键步骤。通过调节大功率三极管的基极电流，可以精确控制通过 TEC 的电流大小，实现对制冷效果的精确控制。这种控制方式不仅响应速度快，而且调节精度高，符合系统对温控的严格要求。

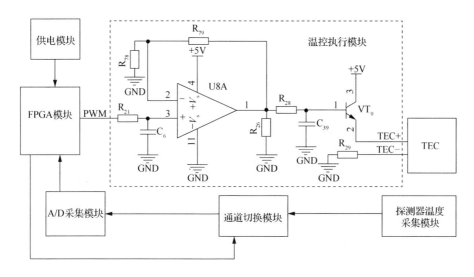

图 4.4　系统硬件电路框图

图 4.4 清晰地展示了各个模块之间的连接关系和功能分配。整个硬件电路由多个模块组成，核心模块包括以下几个部分。

（1）供电模块：为整个系统提供稳定可靠的电源，确保各个模块能够正常工作。

（2）FPGA 模块：作为系统的核心控制单元，负责处理各种逻辑运算和控制信号的生成。

（3）A/D 采集模块：负责将模拟信号转换为数字信号，为系统提供精确的数据支持。

（4）通道切换模块：允许系统对不同的通道进行快速切换，满足不同的测量需求。

（5）探测器温度采集模块：实时监测探测器的温度，为温控系统提供反馈信息。

（6）温控执行模块：根据探测器温度采集模块提供的数据，执行相应的控制策略，确保系统温度的稳定。

4.1.2　高精度温控的实现

由第 3 章可知，为了实现对短波红外探测器暗电流的控制，在实际温控电路中，将温度设为-10℃（InGaAs 1.7 光伏探测器）和-20℃（InGaAs 2.6 光伏探测器）时，温度稳定度要求控制在±0.1℃范围内。本节主要通过实验验证温控结果是否符合要求。

将 InGaAs1.7 和 InGaAs2.6 两种光伏探测器安装于光机头部，并在光机头部安装热敏电阻，将热敏电阻包装好置于高低温试验箱内并将其连接到数据采集器上，探测器的制冷驱动信号和温度信号通过电缆被连接到温控电路中；温控电路由直流电源供电，主控计算机通过 RS422 异步串行通信模块对温控电路进行控制并采集数据；可以应用主控计算机对环境温度和两种光伏探测器的温度进行采集和分析。

光机头部的环境温控范围为-5～10℃，温变速率小于 0.35℃/min，试验时对此条件进行拉偏，将光机头部的环境温控范围设置为-6～15℃，温变速率大于 0.35℃/min，在此环境下测试光机头部的温控性能并进行数据分析。由于通过试验得到的数据是 DN 值，因此需要将其转化为温度值，将测得的 DN 值和相关值代入转化公式中可得最终的温度值。

在试验过程中，环境温度会按照高温—低温—高温的过程变化，因此分别测试了降温和升温过程中光机头部的温控性能，如图 4.5 和图 4.6 所示。结果显示在环境温度急剧降低时，InGaAs 2.6 光伏探测器的温度大部分在-20.10～-20.00℃范围内变化，InGaAs 1.7 光伏探测器的温度大部分在-10.10～-10.00℃范围内变化；当环境温度急剧升高时，InGaAs 2.6 光伏探测器的温度大部分在-20.00～-19.90℃范围内变化，InGaAs 1.7 光伏探测器的温度大部分在-10.00～-9.90℃范围内变化。由以上结果可以看出，当环境温度急剧升高或者急剧降低时，温控电路的温度大部分在 0～0.1℃范围内变化，符合两种光伏探测器温度稳定的要求。

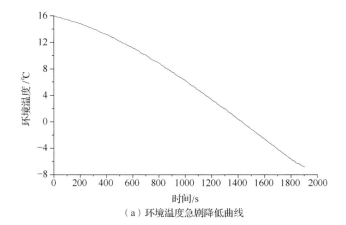

（a）环境温度急剧降低曲线

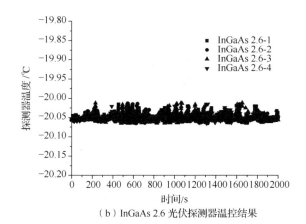

（b）InGaAs 2.6 光伏探测器温控结果

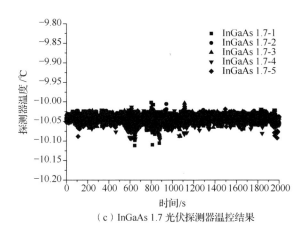

（c）InGaAs 1.7 光伏探测器温控结果

图 4.5　环境温度急剧降低时 InGaAs 2.6 光伏探测器及 InGaAs 1.7 光伏探测器温控结果

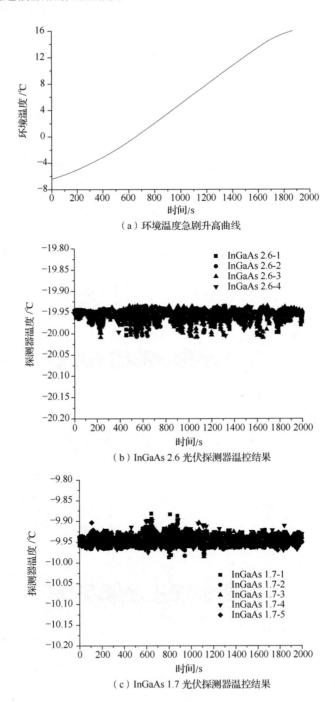

（a）环境温度急剧升高曲线

（b）InGaAs 2.6 光伏探测器温控结果

（c）InGaAs 1.7 光伏探测器温控结果

图 4.6　环境温度急剧升高时 InGaAs 2.6 光伏探测器及 InGaAs 1.7 光伏探测器温控结果

综上所述，无论环境温度是急剧升高还是急剧降低，温控电路都能够使两种光伏探测器的温度大部分在 0～0.1℃范围内发生微小变化。这一性能表现不仅符合两种光伏探测器温度稳定的要求，而且体现了温控电路设计的高效性和可靠性。这种精确的温度控制技术对于确保两种光伏探测器的性能和延长其使用寿命至关重要，同时为整个系统的稳定运行提供了坚实的保障。

4.1.3　暗电流的不均匀性检测

将多通道偏振辐射计开机并等待其制冷稳定，挡住多通道偏振辐射计的入光孔，采集半小时各通道的值，如图 4.7～图 4.11 所示。暗电流不稳定度为标准差和均值的比值，如式（4.3）所示。

$$\mathrm{RSD}_\lambda^k = \left| \frac{\sigma_\lambda^k}{\mathrm{DC}_\lambda^k} \right| = \left| \frac{\sqrt{\dfrac{\sum\limits_{n=1}^{N}\left(\mathrm{DC}_\lambda^k(n) - \overline{\mathrm{DC}_\lambda^k}\right)^2}{N-1}}}{\mathrm{DC}_\lambda^k} \right| \times 100\% \qquad (4.3)$$

式中，RSD_λ^k 为 λ 波长 k 通道的暗电流不稳定度；σ_λ^k 为 λ 波长 k 通道暗电流的标准差；$\mathrm{DC}_\lambda^k(n)$ 为 λ 波长 k 通道第 n 次测量时的暗电流；$\overline{\mathrm{DC}_\lambda^k}$ 为 λ 波长 k 通道暗电流的均值；N 为测量次数。暗电流测量结果如表 4.1 所示。

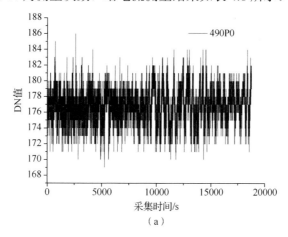

（a）

图 4.7　490nm 波长 3 个通道暗电流波动图

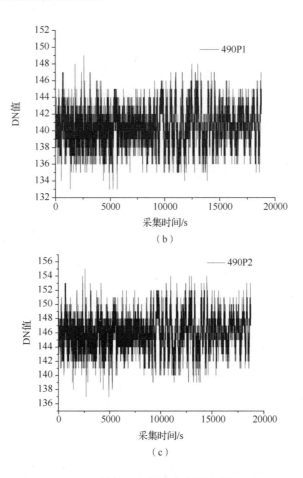

（b）

（c）

图 4.7　490nm 波长 3 个通道暗电流波动图（续）

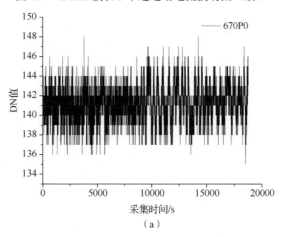

（a）

图 4.8　670nm 波长 3 个通道暗电流波动图

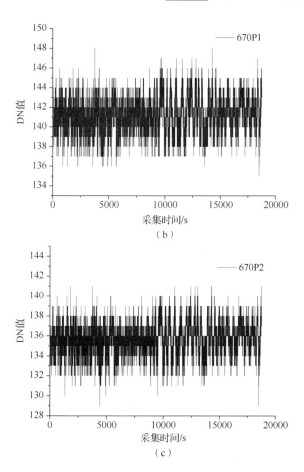

图 4.8　670nm 波长 3 个通道暗电流波动图（续）

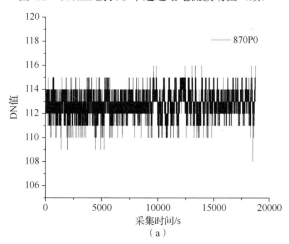

图 4.9　870nm 波长 3 个通道暗电流波动图

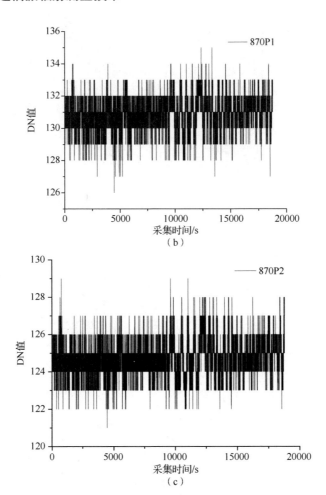

图 4.9   870nm 波长 3 个通道暗电流波动图（续）

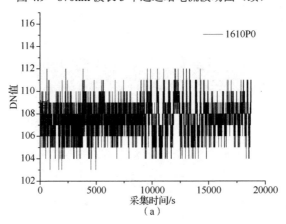

图 4.10   1610nm 波长 3 个通道暗电流波动图

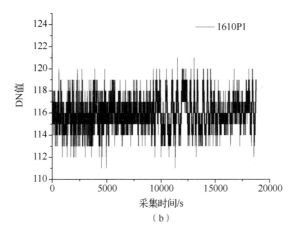

（b）

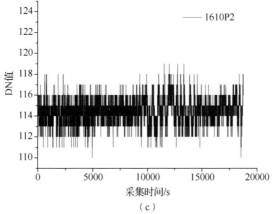

（c）

图 4.10　1610nm 波长 3 个通道暗电流波动图（续）

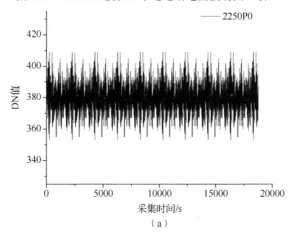

（a）

图 4.11　2250nm 波长 3 个通道暗电流波动图

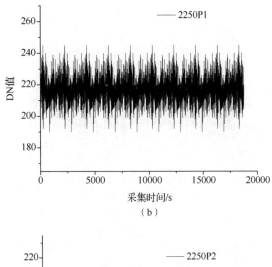

（b）

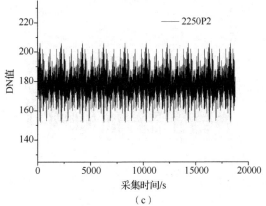

（c）

图 4.11　2250nm 波长 3 个通道暗电流波动图（续）

表 4.1　暗电流测量结果

波长/nm	通道	$\overline{DC_\lambda^k}$	DC_λ^k	波动值	σ_λ^k	RSD_λ^k
490	490P0	176.8	（169,186）	17	2.13	0.0120
	490P1	140.4	（133,149）	16	2.18	0.0155
	490P2	145.9	（137,155）	18	2.32	0.0159
670	670P0	140.27	（135,148）	13	1.57	0.0112
	670P1	141.2	（135,148）	13	1.77	0.0125
	670P2	135.7	（129,141）	12	1.51	0.0111
870	870P0	112.7	（108,116）	8	0.97	0.0086
	870P1	130.9	（126,135）	9	1.01	0.0077
	870P2	124.7	（121,129）	8	0.95	0.0076

续表

波长/nm	通道	$\overline{DC_\lambda^k}$	DC_λ^k	波动值	σ_λ^k	RSD_λ^k
1610	1610P0	107.6	（103,112）	9	1.39	0.0129
	1610P1	115.9	（111,121）	10	1.35	0.0116
	1610P2	114.4	（110,119）	9	1.16	0.0101
2250	2250P0	379.4	（353,409）	56	6.62	0.0174
	2250P1	216.7	（190,245）	55	6.12	0.0282
	2250P2	177.9	（152,206）	54	6.38	0.0359

结果显示，暗电流的控制效果良好，暗电流稳定性比较好的通道是 870nm 波长 3 个通道，其波段值小于 10，暗电流较小，而且暗电流不稳定度均小于 0.01；除 2250nm 波长 3 个通道以外，其余波长 3 个通道的暗电流不稳定度均在 0.01 左右，且波动值均在 20 以下；暗电流波动最大的通道为 2250nm 波长 3 个通道，波动值大于 50，暗电流不稳定度最大的通道为 2250P2，为 0.0359，后期需要仔细地对这个通道进行分析。

对与暗电流相关的参数进行细致的测试和分析后，得到了关于暗电流控制效果的一系列重要数据。这些数据不仅有助于人们对多通道偏振辐射计的性能有深入的了解，而且有助于对特定波段进行进一步优化和改进。测试结果显示，在所有测试的通道中，870nm 波长 3 个通道的暗电流控制效果最好。这一波长 3 个通道的 DN 值变化范围非常小，波动值小于 10，这表明此波长 3 个通道对信号的响应非常稳定，暗电流的波动较小。此外，870nm 波长 3 个通道的暗电流较小进一步证实了其在暗电流控制方面的优异表现。更重要的是，即使在仪器长时间运行或在不同环境条件下，870nm 波长 3 个通道的暗电流不稳定度也保持在 0.01 以下，这为仪器的长期稳定运行提供了有力保障。然而，除 2250nm 波长 3 个通道以外，其余波长 3 个通道的暗电流不稳定度大致相同，均在 0.01 左右。这表明这些波长 3 个通道的暗电流控制效果也相对稳定，尽管不如 870nm 波长 3 个通道那样出色。在这些波长 3 个通道中，DN 值的变化范围也得到了有效控制，波动值小于 20，有助于确保仪器在这些波长 3 个通道中能够提供可靠的测量结果。然而，2250nm 波长 3 个通道的暗电流波动较大，2250P0 通道波动值达到了 56，这在所有测试通道中是最大的。此外，2250nm 波长 3 个通道的暗电流不稳定度也相对较高，尤其是 2250P2 通道，暗电流不稳定度达到了 0.0359，远高于其他通道。由此可知，2250nm 波长 3 个通道可能存在某些特殊的问题或挑战，需要对其进行更深入的分析和研究。为了解决关于 2250nm 波长 3 个通道的问题，需要从多个角度进行分析。首先，需要检查该波长 3 个通道的探测器是否存在硬件故障或性能退化问题。其次，需要分析仪器对该波长信号的处理流程，看看是否有算法或参数设置不当导致暗电流波动增大的情况。总之，通过对仪器在不同波长下对暗电流的控制效果进行详细分析，不仅能够识别表现优异的波长，而且能够发现需要被进一步改进的波长。这种细致的分析和评估对于优化仪器性能、提高偏振测量精度具有重要意义。

4.2 偏振解析方向

对偏振解析方向进行测量的方法是利用马吕斯定律来寻找消光位置或最大光强位置。肖茂森、李春艳等设计了一种采用磁光调制技术，并通过直角棱镜和自准直仪实现偏振器件的起偏器方位角测量的方法，将多次测量值的平均值作为最终的测量结果。李双采用曲线拟合法和 Equator-Poles（赤道-极地）定标两种方法对偏振解析方向进行测量，并对最终偏振测量结果进行了验证。

本节主要研究多通道偏振辐射计偏振解析方向的测量方法。根据仪器的特点对曲线拟合法进行改进后，采用旋转消光拟合法进行测量。本节首先详细介绍了旋转消光拟合法，并仿真分析了测量过程中的误差源，重点分析了信噪比和采样间隔对采用旋转消光拟合法测量偏振解析方向的影响，仿真结果表明提高信噪比可以降低拟合误差，但增大采样间隔不能有效提高拟合精度。实验结果表明，通过设置合适的信噪比和采样间隔，可以有效地控制拟合误差，提高偏振解析方向的测量精度，可以为多通道偏振辐射计的装调和高精度定标提供有力支撑，也可以为实际工程优化及误差分析提供依据。

4.2.1　偏振解析方向测量原理及误差分析

应用旋转消光拟合法测量偏振解析方向的原理如图 4.12 所示。精密电控转台带动参考偏振片以等角度间隔在 0°～360°范围内连续旋转，该系统每隔 N° 记录多通道偏振辐射计探测器的响应值，响应值呈现余弦曲线变化趋势，初始相位 α 即该通道与参考起偏器偏振解析方向的相对角度差。

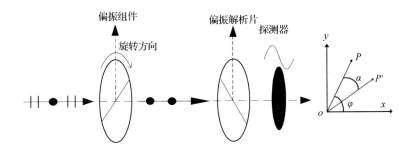

图 4.12　应用旋转消光拟合法测量偏振解析方向的原理

假设光学系统产生的相位延迟为 δ，起偏器偏振透过轴和多通道偏振辐射计偏振解析方向之间的夹角为 α，起偏器偏振透过轴与 x 轴之间的夹角为 φ，则多通道偏振辐射计偏振解析方向与 x 轴之间的夹角为 $(\varphi-\alpha)$，假设目标光束 λ 波长的输入偏振状态的斯托克斯矢量为 $\boldsymbol{S}_{\mathrm{i}}=[\boldsymbol{I}_{\lambda,\mathrm{i}},\boldsymbol{Q}_{\lambda,\mathrm{i}},\boldsymbol{U}_{\lambda,\mathrm{i}},\boldsymbol{V}_{\lambda,\mathrm{i}}]^{\mathrm{T}}$，输出偏振状态的斯托克斯矢量为 $\boldsymbol{S}_{\mathrm{o}}=[\boldsymbol{I}_{\lambda,\mathrm{o}},\boldsymbol{Q}_{\lambda,\mathrm{o}},\boldsymbol{U}_{\lambda,\mathrm{o}},\boldsymbol{V}_{\lambda,\mathrm{o}}]^{\mathrm{T}}$，则有

$$\begin{bmatrix} \boldsymbol{I}_{\lambda,\mathrm{o}} \\ \boldsymbol{Q}_{\lambda,\mathrm{o}} \\ \boldsymbol{U}_{\lambda,\mathrm{o}} \\ \boldsymbol{V}_{\lambda,\mathrm{o}} \end{bmatrix} = t_{\lambda,\mathrm{e}} \boldsymbol{M}_1 \boldsymbol{R}(\delta) \boldsymbol{M}_2 \begin{bmatrix} \boldsymbol{I}_{\lambda,\mathrm{i}} \\ \boldsymbol{Q}_{\lambda,\mathrm{i}} \\ \boldsymbol{U}_{\lambda,\mathrm{i}} \\ \boldsymbol{V}_{\lambda,\mathrm{i}} \end{bmatrix} \tag{4.4}$$

其中，

$$\boldsymbol{M}_i = \frac{1}{2} \begin{bmatrix} (t_{i,\lambda,x}^2 + t_{i,\lambda,y}^2) & (t_{i,\lambda,x}^2 - t_{i,\lambda,y}^2)\cos 2\theta_i & (t_{i,\lambda,x}^2 - t_{i,\lambda,y}^2)\sin 2\theta_i & 0 \\ (t_{i,\lambda,x}^2 - t_{i,\lambda,y}^2)\cos 2\theta_i & (t_{i,\lambda,x}^2 + t_{i,\lambda,y}^2)\cos^2 2\theta_i + 2t_{i,\lambda,x}t_{i,\lambda,y}\sin^2 2\theta_i & (t_{i,\lambda,x}^2 - t_{i,\lambda,y}^2)\sin 2\theta_i \cos 2\theta_i & 0 \\ (t_{i,\lambda,x}^2 - t_{i,\lambda,y}^2)\sin 2\theta_i & (t_{i,\lambda,x} - t_{i,\lambda,y})^2 \sin 2\theta_i \cos 2\theta_i & (t_{i,\lambda,x}^2 + t_{i,\lambda,y}^2)\sin^2 2\theta_i + 2t_{i,\lambda,x}t_{i,\lambda,y}\cos^2 2\theta_i & 0 \\ 0 & 0 & 0 & 2t_{i,\lambda,x}t_{i,\lambda,y} \end{bmatrix}$$

$$i = 1,2；\quad \theta_1 = \varphi；\quad \theta_2 = \varphi - \alpha$$

$$R(\delta) = \begin{bmatrix} 1 & 0 & 0 & 0 \\ 0 & 1 & 0 & 0 \\ 0 & 0 & \cos\delta & \sin\delta \\ 0 & 0 & -\sin\delta & \cos\delta \end{bmatrix}$$

式中，M_1 为起偏器米勒矩阵；

M_2 为检偏器米勒矩阵；

$t_{1,\lambda,x}$ 为起偏器 x 轴透过率；

$t_{1,\lambda,y}$ 为起偏器 y 轴透过率；

$t_{2,\lambda,x}$ 为检偏器 x 轴透过率；

$t_{2,\lambda,y}$ 为检偏器 y 轴透过率；

δ 为光学系统产生的相位延迟；

$R(\delta)$ 为其他光学元件对应的米勒矩阵；

$t_{\lambda,e}$ 为其他光学元件的绝对透过率。

当起偏器和检偏器的消光比为 10^{-3} 级别，$t_{1,\lambda,x} \approx t_{2,\lambda,x} \approx 1$，$t_{1,\lambda,y} \approx t_{2,\lambda,y} \approx 0.001$ 时，实验采用的光为非偏振光，非偏振光通过平行光管入射到多通道偏振辐射计的探测器上。非偏振光的斯托克斯矢量为 $[1\,0\,0\,0]^T$，其光强为 $I_{\lambda,i}$，则探测器接收到的光强 $I_{\lambda,o}$ 为

$$I_{\lambda,o} = \frac{1}{4} t_{\lambda,e} I_{\lambda,i} [\cos 2\varphi \cos 2(\varphi-\alpha) - \sin 2\varphi \sin 2(\varphi-\alpha) \cos\delta + 1] \tag{4.5}$$

如果起偏器从任意位置开始以 $N°$ 等间隔旋转 $360°$，设起偏器透过轴起始角度为 $0°$，则第 k 个角度的测量结果为

$$I_{\lambda,o}^k = \frac{1}{4} t_{\lambda,e} I_{\lambda,i} [\cos 2(kN) \cos 2(kN-\alpha) - \sin 2(kN) \sin 2(kN-\alpha) \cos\delta + 1] \tag{4.6}$$

4.2.2　测量误差减小方案及实现

多通道偏振辐射计偏振解析方向测量的主要误差源包括探测器随机噪声、光源的不稳定性、旋转台的定位误差和光源的非线性偏移等，这些误差源导致测得的相位存在偏差。为了分析这四种误差的影响，首先对实验使用的卤钨灯

光源进行检测，检测时间为多通道偏振辐射计开机后半小时至一小时内。光源稳定性测试结果如图 4.13 所示，依此对光源的噪声进行仿真分析。将光源的噪声分成随机噪声和非线性偏移两部分，随机噪声服从高斯分布且均值为 0，方差为光源幅值的 0.2%，非线性偏移为每小时衰减 2%。探测器随机噪声服从高斯分布且均值为 0，方差为 DN 值的 0.2%。实验采用的旋转台分辨率为 0.0002°，重复定位精度小于 0.004°。旋转台定位误差噪声服从高斯分布且均值为 0，方差为 0.004。

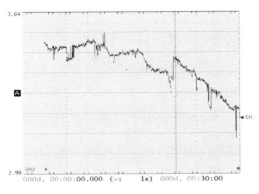

图 4.13　光源稳定性测试结果

利用 MATLAB 的数值分析功能和逐项扰动方法对测量过程中可能出现的误差进行详细的仿真研究。通过这种方法可以更深入地理解各种误差对测量结果的影响，并探索减少这些误差的有效途径。

首先，对光源稳定性进行测试，并利用 MATLAB 对测试结果进行分析。在 MATLAB 计算过程中模拟探测器理想 DN 值逐渐增大的情况，同时保持噪声不变。这种仿真方法有助于分析噪声对测量结果的影响，并评估在不同噪声水平下测量结果的稳定性。为了更准确地分析信号，采用正弦曲线函数和最小二乘法对获取的信号进行拟合。正弦曲线函数能够很好地描述偏振光的波动特性，最小二乘法能够从噪声中提取信号的主要特征。通过对拟合结果进行统计分析，得到了如图 4.14 所示的结果。

在采样间隔为 5°的条件下，发现通过拟合得到的相位误差与信噪比之间存在相关性。具体来说，随着信噪比增大，通过拟合得到的相位误差呈现出递减趋势。这说明在高信噪比情况下，测量结果的准确性得到了显著提高。然而，当信噪比较小时，减小采样间隔可以有效地减小相位误差。这表明在低信噪比情况下，提高采样频率可以提高测量结果的准确性。

此外，还发现当光源随机噪声、光源非线性偏移、探测器随机噪声和旋转台定位误差噪声的大小相同时，探测器随机噪声对最终结果的影响大于其余噪声。这意味着在实际测量过程中，需要特别关注探测器随机噪声，并采取相应的措施降低其对测量结果的影响。

随着信噪比的进一步增大，在相同的误差条件下，不同误差源对测量结果的影响趋于一致。当信噪比增大到一定程度时，相位误差降低的速率也逐渐变小。这意味着在非常高的信噪比情况下，进一步提高信噪比对减小相位误差的作用有限。因此，在实际应用中，需要在提高信噪比和优化其他测量参数之间找到一个平衡点，以实现最佳的测量效果。

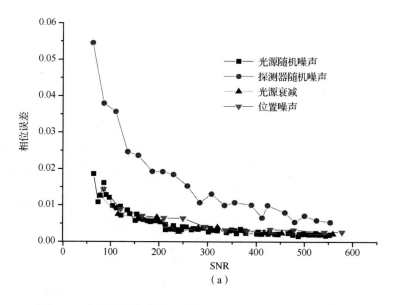

图 4.14 在不同的信噪比及采样间隔下拟合得到的相位误差图

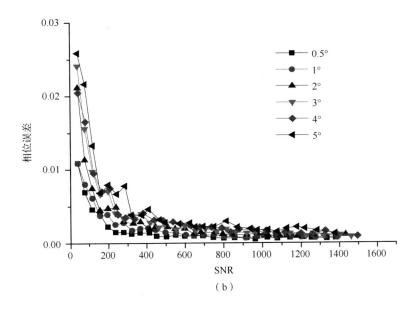

注：此图为彩图，见前言中的二维码；图中 SNR 为信噪比

图 4.14　在不同的信噪比及采样间隔下拟合得到的相位误差图（续）

通过以上分析可知，在光源波动性相同的条件下，提高信噪比可以降低进行旋转消光拟合得到的相位误差；当信噪比稍高时，减小采样间隔可以降低旋转消光拟合得到的相位误差，但是当信噪比增大到一定程度时，相位误差降低的速率会变小，针对多通道偏振辐射计，若应用旋转消光拟合法测量偏振解析方向，则将信噪比设置为 300～600 是合适的。

在对多通道偏振辐射计的多个波长进行测试时，为了覆盖从可见光到近红外的波段范围，需要选择合适的光源。本实验采用溴钨灯作为光源，它具有连续的光谱特性，能够满足多波段测试的需求。溴钨灯发出的光经过准直镜的调整会转化为平行光，有助于保证测量结果的准确性和一致性。为了确保光源的稳定性和减少光强波动，在实验中对光源进行了严格的控制。首先，光源配有水冷却系统，能够在恒定的温度下工作，避免由温度变化引起的光强波动。其次，光源还配有稳流电源，以确保输出的光强稳定，将光强波动控制在 1%以下。这些措施对于提高测量结果的可靠性和测量的可重复性至关重要。在偏振光的产生和控制方面，在实验中使用消光比为 10^{-3} 级别的偏振片作为起偏器。这种高消光比偏振片能够有效地产生偏振光，且具有很好的偏振方向控制能力。将偏振片安装在一个可以 360°自由旋转的精密转台上，使偏振方向的调整更加灵活和精确。转台的重复定位精度小于 0.004°，保证了在多次测量过程中偏振方向的一致性。此外，转台的转动可以由计算机控制，并记录转动信息，为实验的自动化提供了便利。

本节所述的实验是在 870nm 波长下进行的。在实验过程中，在每个采样点采集了 32 次数据，将其平均值作为该采样点的采样值。同时，实验还获得了 3 个偏振通道的探测器数据。以 870P0 通道的检偏器透过轴方位角作为基准坐标，通过曲线拟合的方法可以计算出其余两个通道相对于基准通道的角度偏差。在测量过程中，首先，以 5°为采样间隔采集数据，通过逐渐增大光源的输出强度，使探测器的信噪比发生变化。这种变化有助于评估信噪比对测量结果的影响。其次，多次使用旋转消光拟合法测量各通道的偏振解析方向，以评估偏振方向的稳定性和准确性。最后，在光强不变的条件下，以 0.5°～20°改变采样间隔，在信噪比大致不变、采样间隔变化时获得偏振解析方向的测量标准差，结果如表 4.2、表 4.3 和图 4.15 所示，为进一步分析和优化测量过程提供了重要的数据支持。

表 4.2 信噪比与测量标准差

870P1 通道		870P2 通道	
SNR	测量标准差	SNR	测量标准差
639.0	0.045	783.7	0.035
634.8	0.045	704.6	0.040
634.7	0.045	570.2	0.050
629.3	0.045	543.5	0.052
616.6	0.046	542.6	0.052
616.5	0.046	539.4	0.053
616.5	0.046	515.5	0.054
606.5	0.047	432.7	0.066
599.7	0.047	430.5	0.066
549.6	0.051	427.8	0.066

续表

870P1 通道		870P2 通道	
SNR	测量标准差	SNR	测量标准差
526.4	0.053	427.7	0.066
499.7	0.056	410.3	0.069
417.2	0.067	385.3	0.070
348.7	0.082	353.6	0.083
324.6	0.090	309.3	0.095

表 4.3　采样间隔与测量标准差

870P1 通道		870P2 通道	
采样间隔/（°）	测量标准差	采样间隔/（°）	测量标准差
0.5	0.006	0.5	0.001
1	0.002	1	0.001
2	0.007	2	0.02
5	0.01	5	0.01
10	0.02	10	0.02
15	0.03	15	0.02
20	0.032	20	0.03

由图 4.15（a）可知，当信噪比变大时，测量标准差变小；由图 4.15（b）可知，当采样间隔变大时，测量标准差变大。

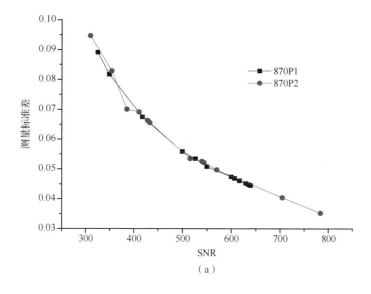

（a）

图 4.15　信噪比和采样间隔与测量标准差的关系

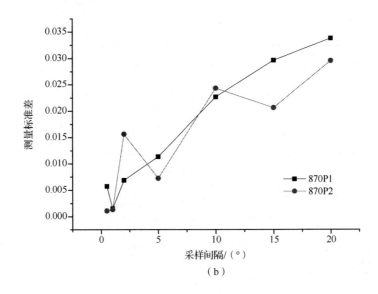

注：此图为彩图，见前言中的二维码

图 4.15　信噪比和采样间隔与测量标准差的关系

4.3　视场重合度减少方案及实现

由于地表的差异，目前没有合适的能够校正视场重合度的方法，因此为了改善由同一波长不同通道的视场不重合造成的偏振测量精度下降的情况，在对多通道偏振辐射计进行装调之初就要保证视场重合度高于指标要求。

4.3.1　视场重合度的测量方法

分孔径探测系统广泛应用于遥感探测、天文观测和军事侦察等领域。在这类系统中，视场重合度是一个至关重要的性能指标。视场重合度的高低直接影响系统测量的准确性和可靠性，因此，准确判断和优化视场重合度对于分孔径探测系统的设计、装配和调试具有重要意义。

保持通道间视场一致性常用的方法是保证通道光轴的一致性。在望远系统中，常用角度来衡量视场的大小，这个角度反映了光学系统能够覆盖的观察范围。为了提高视场测量精度，学者们提出了多种测量方法。Nakajima 等提出了太阳立体角测量方法，这种方法将太阳作为参考光源，通过测量太阳在视场中的立体角来确定视场的大小。Benjamin Torres 等在 Nakajima 的基础上提出了通过矩阵扫描测量视场的大小的方法，通过这种方法首先在不同位置扫描视场，收集更多的数据，然后通过矩阵运算来计算视场的大小，以显著提高实验室条件下的视场测量精度。李伟等的研究表明，通过矩阵扫描测量视场的大小的不确定度仅为 0.4%～1.1%，表明该方法能够提高视场测量精度，具有可靠性。这种测量方法对于分孔径探测系统的设计和优化具有重要的指导意义，可以帮助研究人员更准确地评估和调整分孔径探测系统的性能。通常用像移来描述单个通道的自身理论视场和实际测量视场的一致程度。像移是指在光学系统中，由制造误差、装配误差等导致的实际成像位置与理论成像位置之间的偏差。通过测量和分析像移可以评估单个通道的视场重合度，为分孔径探测系统的优化提供依据。国内外大多采用光轴平行度来衡量通道间的视场重合度。光轴平行度反映了不同通道的光轴在空间中的相对位置，如果光轴平行度较高，则说明不同通道的视场重合度较好，反之则较差。通过测量和分析光轴平行度可以评估分孔径探测系统中不同通道间的视场重合度，为分孔径探测系统的校准和调整提供重要的参考。

根据多通道偏振辐射计的特点，选择合适的矩阵扫描方法测量视场重合度。应用矩阵扫描方法测量视场重合度是指逐点进行扫描，然后利用得到的 DN 值计算等效视场的大小。测量时首先用平行光管模拟无限远处的物体发出的光入射到探测系统中，当入射平行光和系统光轴平行时，称为(0°,0°)入射。改变入射平行光的角度，从 $(-\theta_1, -\theta_1)$ 扫描到 (θ_1, θ_1)，以相同角度间隔进行测量，探测器测得的 DN 值为分孔径探测系统在该点的 DN 值，等效视场的大小为

$$\text{FOV} = 2 \times \sqrt{\iint\limits_{\Delta A} \frac{E(x,y)\mathrm{d}x\mathrm{d}y}{E(0,0)\pi}} \tag{4.7}$$

式中，ΔA 为矩阵扫描区域；

(x, y) 为以 ΔA 的中心为原点的直角坐标系的一点；

$E(x, y)$ 为 (x, y) 点处的 DN 值。

对 3 个通道等效视场的大小进行比较可以得到视场重合度。

通过矩阵扫描方法所测得的值实际上是探测器对视场内经过光学系统传输的特征辐照度进行响应的结果，这个结果可以通过对 DN 值进行曲面积分来理解，体积法正是基于这个原理提出的。

如图 4.16 所示，设通道一 DN 值随扫描角度变化的函数为 $f_1(\theta, \varphi)$，通道二 DN 值随扫描角度变化的函数为 $f_2(\theta, \varphi)$，两通道重合部分为 $f(\theta, \varphi)$，则从 $(-\theta_1, -\theta_1)$ 扫描到 (θ_1, θ_1) 有

$$\varpi = \frac{2\int_{-\theta_1}^{\theta_1}\int_{-\theta_1}^{\theta_1} f(\theta, \varphi)\mathrm{d}\theta\mathrm{d}\varphi}{\int_{-\theta_1}^{\theta_1}\int_{-\theta_1}^{\theta_1} f_1(\theta, \varphi)\mathrm{d}\theta\mathrm{d}\varphi + \int_{-\theta_1}^{\theta_1}\int_{-\theta_1}^{\theta_1} f_2(\theta, \varphi)\mathrm{d}\theta\mathrm{d}\varphi} \times 100\% \tag{4.8}$$

式中，θ 为 x 向扫描角度；

φ 为 y 向扫描角度；

ϖ 为利用体积法计算出的视场重合度。

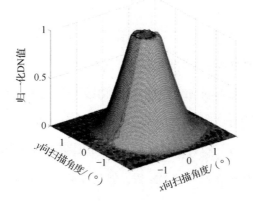

注：此图为彩图，见前言中的二维码

图 4.16 两通道体积一致性数据

面积法是指利用半高宽的思想，将体积法测量值峰值的一半作为基准，描

出两组数据的半峰值轮廓，如图 4.17 所示，重合区域为视场重合部分。

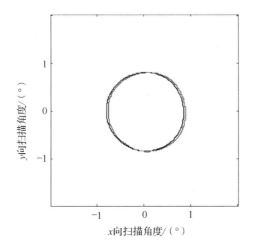

注：此图为彩图，见前言中的二维码

图 4.17　两通道面积一致性数据

设通道一半峰值轮廓所围面积为 A_1，通道二半峰值轮廓所围面积为 A_2，重合部分的面积为 A，则有

$$\varpi = \frac{2A}{A_1 + A_2} \times 100\% \qquad (4.9)$$

当测量得到的信噪比峰值不高时，利用体积法难以准确区分视场边界，导致积分结果误差相对较大。在信噪比峰值不高或视场边界区分困难时，利用面积法可以较为精确地测得通道间的视场重合度。由实际测试结果可知，多通道偏振辐射计视场重合度的测量适合使用面积法（具体的分析参见文献[83]）。

4.3.2　视场装调设计

通过视场测试与光学系统装调实现多通道偏振探测视场指向的一致性，即要求同一探测波段不同偏振探测通道间的视场重合度达到 90%以上。

确保多通道偏振辐射计视场的一致性是实现高精度测量的关键。为了评估和优化这一性能指标，实验室特别设计并搭建了一套专门用于测量多通道偏振辐射计视场重合度的实验装置。这套实验装置的设计充分考虑了实验的精确性和操作的便捷性。它的核心器件是平行光管，作用是模拟来自无限远处的物体的平行光。平行光管的设计利用了光学原理，通过特定的光学元件，如透镜和反射镜，将光源发出的光转换成高度平行的光。这种设计确保了测量过程中光的一致性和稳定性，为测量视场重合度提供了理想的光源条件。

为了实现对不同通道视场的精确测量，该实验装置配有电动旋转台和电动角位移台。这些设备能够实现 x 和 y 方向上的精确角度扫描，可以对多通道偏振辐射计的视场进行全方位的测量。在实验中要注意电动旋转台和电动角位移台的测量精度和稳定性。此外，该实验装置还配有电动平移台，用于快速切换不同通道。这种设计大大提高了实验的效率，使得实验装置可以在较短的时间内完成对多个通道的视场测量。电动平移台确保在通道切换过程中视场的一致性和可重复性。角度变换和测量数据输出的整个过程由专用软件控制和记录。该软件界面友好，操作简便，能够实时显示测量数据，并提供数据存储和分析功能。软件的自动化控制减少了人为操作的误差，提高了实验的可靠性和可重复性。测量视场的实验装置如图 4.18 所示。

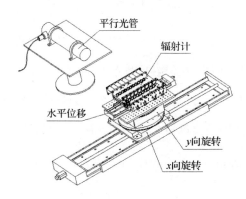

图 4.18　测量视场的实验装置

采用视场测试和光学系统装调同步进行的方案时，首先对探测器进行对心，然后将其装入整个外光学镜筒内，最后进行视场测试。根据测试结果确定视场重合度，计算出需要调整的偏移量，根据偏移量对探测器的光敏面进行调整后，再进行视场测试，判断测试结果是否符合要求，若符合要求，则装调完成，若不符合要求，则需要再次计算偏移量，重复探测器对心工作和视场测试工作，直至测试结果符合要求为止。视场测试与光学系统装调简化流程如图 4.19 所示。

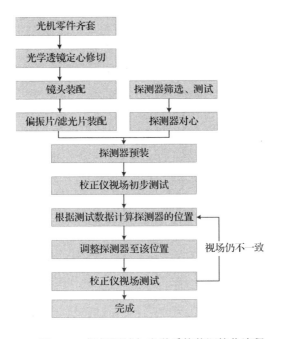

图 4.19　视场测试与光学系统装调简化流程

如图 4.20 所示，利用高精度的电动旋转台、电动角位移台和电动平移台构建三维视场扫描系统。通过校正仪视场重合度测试软件实现测量数据的自动采集。

图 4.20　视场测试与光学系统装调现场

4.3.3 视场重合度测量结果

本节主要对多通道偏振辐射计的 3 个通道间的视场重合度进行测量，视场重合度测量结果如表 4.4 所示。

表 4.4 视场重合度测量结果

波长/nm	通道	视场重合度/%			视场重合度最大值/%	视场重合度最小值/%
		P0 和 P1	P1 和 P2	P0 和 P3		
490	490P0					
	490P1	92.68	93.55	98.06		
	490P2					
670	670P0					
	670P1	97.48	95.83	95.08		
	670P2					
870	870P0					
	870P1	97.29	98.26	96.73	99.16	92.68
	870P2					
1610	1610P0					
	1610P1	99.16	93.05	93.66		
	1610P2					
2250	2250P0					
	2250P1	98.36	95.64	96.83		
	2250P2					

视场重合度测量结果显示，所有通道的视场重合度均大于 90%，其中，1610P0 通道与 1610P1 通道的视场重合度最大，为 99.16%，490P0 通道与 490P1 通道的视场重合度最小，为 92.68%。多通道偏振辐射计 3 个通道具有较好的视场重合度。

4.4 组件级特性控制

4.4.1 滤光片筛选

在研制多通道偏振辐射计的过程中制作了 20 个滤光片，从中筛选出 3 个最佳的滤光片以保证多通道偏振辐射计的偏振测量精度。本节以 490nm 波长通道的滤光片筛选为例进行筛选过程分析。依据 20 个滤光片的中心波长、通带宽度检测数据，初步筛选出符合条件的滤光片为 5 号、15 号、17 号、18 号、6 号、7 号、8 号和 11 号滤光片，以下给出具体的筛选过程。

首先根据带内相对透过率筛选滤光片，根据 3.1 节所述，尽管能够通过单色仪对系统检偏通道的归一化响应度进行精确测量（在关于 POLDER 探测器定标的文献中，通道间绝对响应度的比值称为相对透过率，因为将其称为相对透过率更形象，所以以下皆称为相对透过率），但是在选择滤光片时，要选择相对透过率差异较小的滤光片。要求整个系统的相对透过率小于 10%，所以在筛选滤光片时，要选择相对透过率小于 5%的滤光片。

在筛选过程中通过输入不同目标，如朗伯型反射目标、天空漫射目标、月球地表反射目标、海洋、沙漠、植被、卤钨灯积分球典型目标的光谱辐亮度，并利用滤光片光谱透过率的相关数据分析滤光片的带内响应，获取通道间的相对透过率，实现滤光片的带内筛选。490nm 波长滤光片带内光谱透过率曲线和各种典型目标的光谱辐亮度曲线如图 4.21 所示。

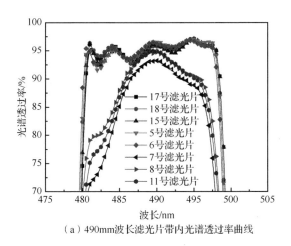

（a）490mm波长滤光片带内光谱透过率曲线

图 4.21　490nm 波长滤光片带内光谱透过率曲线和各种典型目标的光谱辐亮度曲线

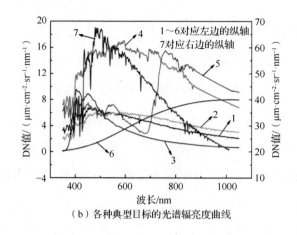

（b）各种典型目标的光谱辐亮度曲线

注：此图为彩图，见前言中的二维码

图 4.21 490nm 波长滤光片带内光谱透过率曲线和各种典型目标的光谱辐亮度曲线（续）

当光只通过滤光片，且探测器的光谱均匀时，可以利用式（4.10）计算探测器的带内响应信号值 DN_λ。

$$DN_\lambda = \int_{\lambda_l}^{\lambda_u} L_s(\lambda_i) R(\lambda_i) d\lambda \qquad (4.10)$$

式中，λ_l 和 λ_u 分别为带内光谱范围内的下限波长和上限波长；$L_s(\lambda_i)$ 为目标的光谱辐亮度；$R(\lambda_i)$ 为绝对响应度。

通过式（4.10）和 490nm 波长滤光片带内光谱透过率可以计算得到光仅通过滤光片时的带内响应信号值，如表 4.5 所示。

表 4.5　带内响应信号值

典型目标	带内响应信号值							
	15 号滤光片	5 号滤光片	17 号滤光片	18 号滤光片	6 号滤光片	7 号滤光片	8 号滤光片	11 号滤光片
朗伯型反射目标	18850.98	18857.40	18858.00	18878.70	18954.80	17742.90	18450.20	18055.56
天空漫射目标	1256.73	1257.16	1257.20	1258.58	1263.70	1182.87	1230.00	1203.71
月球地表反射目标	1138.98	1139.15	1139.43	1140.29	1144.70	1071.48	1114.30	1090.55
海洋	1361.63	1362.94	1361.98	1364.94	1371.50	1284.95	1335.70	1306.72
沙漠	3015.25	3015.53	3016.48	3018.49	3030.01	2836.50	2949.3	2886.76
植被	1184.11	1184.79	1184.50	1186.37	1191.50	1115.27	1159.6	1134.57
卤钨灯积分球	29.32	29.28	29.34	29.28	29.35	27.52	28.62	28.04

根据式（3.4）及式（3.7）可以计算出各滤光片的相对透过率，如表 4.6 所示。比较不同地表同一通道相对透过率变化值和同一地表相对于参考滤光片的相对透过率最大变化值，得到 6 号、7 号、8 号滤光片的数值不满足相对透过率小于 0.005 的筛选条件，故剔除 6 号、7 号、8 号滤光片。

表 4.6　各滤光片的相对透过率

典型目标及变化值	相对透过率							
	15 号滤光片	5 号滤光片	17 号滤光片	18 号滤光片	6 号滤光片	7 号滤光片	8 号滤光片	11 号滤光片
朗伯型反射目标	1.000	1.000	1.000	1.001	1.006	0.941	0.979	0.958
天空漫射目标	1.000	1.000	1.000	1.001	1.006	0.941	0.979	0.958
月球地表反射目标	1.000	1.000	1.000	1.001	1.005	0.941	0.978	0.958
海洋	1.000	1.000	1.000	1.002	1.007	0.944	0.981	0.959
沙漠	1.000	1.000	1.000	1.001	1.005	0.941	0.978	0.957
植被	1.000	1.001	1.000	1.002	1.006	0.942	0.979	0.958
卤钨灯积分球	1.000	0.999	1.001	0.999	1.001	0.939	0.976	0.956
不同地表同一通道相对透过率变化值	1.000	0.002	0.001	0.003	0.006	0.005	0.005	0.003
同一地表相对于参考滤光片的相对透过率最大变化值	1.000	0.001	0.001	0.002	0.007	0.061	0.024	0.044

根据带外响应筛选滤光片。筛选时同样根据滤光片相对透过率和典型目标的光谱辐亮度数据，分析多通道偏振辐射计的带外响应信号值与带内响应信号值的比值（带外响应信号变化率）随目标光谱辐亮度的变化情况。如表 4.7 所示，综合考虑带内相对透过率差异和带外相对透过率差异，最终选择带内相对透过率差异较小、带外响应信号变化率较低且较为接近的 15 号、5 号、17 号、18 号滤光片。

表 4.7　带外响应信号变化率

典型目标	带外响应信号变化率/%							
	15 号滤光片	5 号滤光片	17 号滤光片	18 号滤光片	6 号滤光片	7 号滤光片	8 号滤光片	11 号滤光片
朗伯型反射目标	0.138	0.132	0.149	0.145	0.118	0.367	0.371	0.363
天空漫射目标	0.138	0.132	0.149	0.145	0.118	0.367	0.372	0.363

典型目标	带外响应信号变化率/%							
	15 号 滤光片	5 号 滤光片	17 号 滤光片	18 号 滤光片	6 号 滤光片	7 号 滤光片	8 号 滤光片	11 号 滤光片
月球地表反射目标	0.149	0.140	0.161	0.157	0.112	0.381	0.377	0.368
海洋	0.116	0.115	0.125	0.121	0.118	0.337	0.361	0.352
沙漠	0.149	0.140	0.162	0.157	0.069	0.382	0.376	0.368
植被	0.175	0.142	0.195	0.187	0.028	0.369	0.385	0.375
卤钨灯积分球	0.267	0.207	0.315	0.309	0.028	0.558	0.464	0.457

4.4.2　消光比测量系统设计

由第 3 章的偏振片特性分析可知，消光比是偏振片的重要指标，对偏振测量的影响较大，要根据消光比对滤光片进行筛选，本节主要对测量消光比的系统进行简单介绍。

消光比是衡量各种类型偏振器件最重要的参数之一，它能够表征偏振器件起偏性能的优劣，等于偏振器件的最小透过率（主透射方向上的透射比）和偏振器件的最大透过率（消光方向的透射比，即与主透射方向垂直方向的透射比）的比值，计算公式为

$$e = \frac{t_y}{t_x} \tag{4.11}$$

式中，t_x 为偏振器件的最大透过率；

t_y 为偏振器件的最小透过率；

e 为偏振器件的消光比。

消光比测量的基本原理如图 4.22 所示，通过旋转起偏器件得到 DN 值的最大值和最小值，两个值的比值就是待测器件的消光比。光源的稳定性、起偏器件的消光比、出现 DN 值的最大值和最小值的准确位置、探测器的动态范围均影响着消光比测量精度。针对这些影响消光比测量精度的因素，逐渐产生了用于测量偏振片消光比的各种方法和系统，如直接测量法、偏振干涉法、双棱镜法、磁光

调制法、最简单的曲线拟合法，以及曲阜师范学院设计的高精度消光比测量系统。

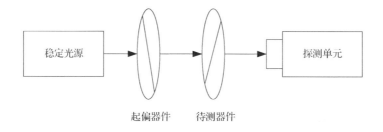

图 4.22　消光比测量的基本原理

用偏振干涉法测量偏振片消光比是指将一块厚度为 d 的晶片放置在起偏器件和待测偏振片之间，晶片的分束和相位延迟作用使得从待测偏振片透射出来的光变为两束同频率且存在固定相位差的相干光的叠加。通过旋转起偏器件，测量多个位置的干涉条纹，即可测出晶元和起偏器件与待测偏振片的夹角，实现对消光位置和透光位置的准确定位。用磁光调制法测量消光比是指通过相位延迟实现光强调制，但是实现相位延迟的方法不是使用晶元，而是使用相位延迟量可以精确调制的磁光调制器，有的研究会使用光弹调制法来实现相位延迟的调整。

由消光比特性分析可知，需要实现 10^{-4} 级别及以上的测量精度，所以测量系统采用由两个偏振片组成的高精度起偏系统，该系统可以产生高偏振度的线偏振光。将光电倍增管作为探测器的探测元件，利用曲线拟合找到 DN 值的极值点，然后在设计电路时，通过增益调节和通道切换实现透光位置和消光位置的光强探测。多通道偏振辐射计的消光比测量原理如图 4.23 所示。

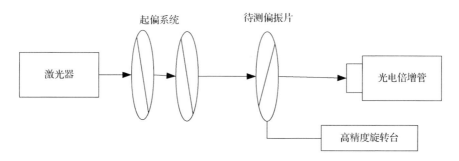

图 4.23　多通道偏振辐射计的消光比测量原理

4.5 性能指标测试

多通道偏振辐射计所具备的优良工作性能是确保偏振测量精度的基础，前面对影响偏振测量精度的关键因素进行了分析，本节对多通道偏振辐射计的响应不稳定度、线性度、信噪比进行测试。

4.5.1 响应不稳定度

第 3 章中的响应不稳定度是指多通道偏振辐射计的计量特性随时间偏离的程度，反映了探测器及信号放大系统的时间漂移性。通常在一定的测量条件下，以一定的时间间隔持续测量一段时间的 DN 值。

使多通道偏振辐射计正对积分球光源，积分球出射面充满仪器视场。打开积分球光源及多通道偏振辐射计，使其从预热到制冷再到稳定状态。每隔 0.1s 测量一次 DN 值，测量 60min。响应不稳定度按下式计算：

$$\mathrm{NS}_\lambda^k = \left| \frac{\mathrm{DN}_\lambda^k(n)_{\max} - \mathrm{DN}_\lambda^k(n)_{\min}}{\overline{\mathrm{DN}_\lambda^k}} \right| \times 100\% \qquad (4.12)$$

式中，NS_λ^k 为 λ 波长 k 通道的响应不稳定度；

$\mathrm{DN}_\lambda^k(n)_{\max}$ 为 λ 波长 k 通道 DN 值的最大值；

$\mathrm{DN}_\lambda^k(n)_{\min}$ 为 λ 波长 k 通道 DN 值的最小值；

$\overline{\mathrm{DN}_\lambda^k}$ 为 λ 波长 k 通道 DN 值的均值。

响应不稳定度检测结果如表 4.8、图 4.24～图 4.26 所示。

表 4.8　响应不稳定度检测结果

波长/nm	通道	$\overline{\mathrm{DN}_\lambda^k}$	DN_λ^k	波动值	测量标准差 ε_λ^k	$\mathrm{NS}_\lambda^k / \%$
490	490P0	−13514.2	(−13607,−13403)	204	48.93	1.51
	490P1	−13489.7	(−13582,−13377)	205	49.30	1.52
	490P2	−13731.7	(−13823,−13621)	202	45.70	1.47

续表

波长/nm	通道	$\overline{DN_\lambda^k}$	DN_λ^k	波动值	测量标准差 ε_λ^k	NS_λ^k / %
	670P0	−27748.7	（−27790,−27704）	86	13.84	0.31
670	670P1	−27478.2	（−27522,−27429）	93	13.41	0.31
	670P2	−27746.2	（−27789,−27698）	91	13.95	0.33
	870P0	−13045.2	（−13062,−13029）	33	2.91	0.25
870	870P1	−12805.1	（−12822,−12788）	34	2.84	0.27
	870P2	−13094.9	（−13111,−13079）	32	2.79	0.24
	1610P0	−22881.2	（−22911,−22852）	59	6.22	0.26
1610	1610P1	−22964	（−22993,−22938）	55	6.27	0.24
	1610P2	−23112.8	（−23142,−23088）	54	5.26	0.23
	2250P0	−19372.3	（−19411,−19336）	75	7.72	0.39
2250	2250P1	−19817.8	（−19859,−19783）	76	7.06	0.38
	2250P2	−20141.1	（−20182,−20105）	77	7.64	0.38

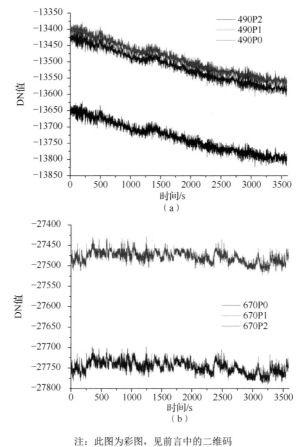

注：此图为彩图，见前言中的二维码

图 4.24　490nm 及 670nm 波长 3 个通道的响应不稳定度检测结果

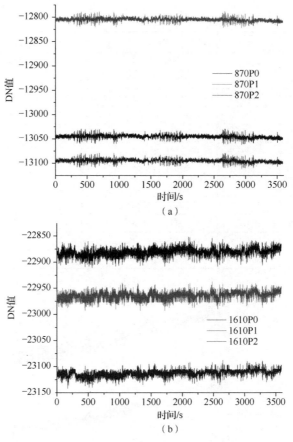

注：此图为彩图，见前言中的二维码

图 4.25　870nm 及 1610nm 波长 3 个通道的响应不稳定度检测结果

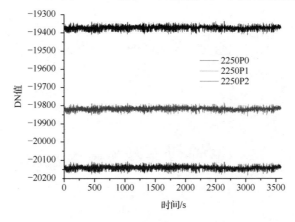

注：此图为彩图，见前言中的二维码

图 4.26　2250nm 波长 3 个通道的响应不稳定度检测结果

在对光电探测器的响应不稳定度进行检测时，通常会关注光电探测器在特定波长下的性能表现。根据表 4.8 中的数据可知，490nm 波长 3 个通道的响应不稳定度在 1.50%上下，这一数值明显超出了 0.33%的稳定性要求。这种超出预期的不稳定性不仅表明当前探测器在该波长下的响应性能可能存在问题，而且提示需要对这一特定通道进行更为深入和持久的测量与分析。

此外，检测还发现 490nm 波长 3 个通道探测器的 DN 值呈现出一种持续增大的趋势，这可能意味着探测器在这一波长下的响应性能正在逐渐退化，或者存在某种尚未明确的长期效应。为了解决这一问题，计划在后续测试中在此波长下对探测器进行更长时间的连续监测，以便更准确地评估其性能变化，并寻找可能的解决方案。在测试过程中，将卤钨灯积分球作为光强分布均匀的光源。然而，卤钨灯积分球在紫外波段的辐射能量相对较弱，这可能是导致 490nm 波长探测器响应能力不足的原因之一。为了增强探测器在这一波长下的响应能力，采取了加大卤钨灯积分球输出电流的措施，以提高卤钨灯积分球在 490nm 波长下的辐射强度。

4.5.2　线性度

线性度是衡量器件响应输出信号与输入信号之间关系的一个重要参数，它描述了器件在接收入射光时产生的电信号与输入光强之间的线性关系。这种线性关系的准确度对于确保测量结果的可靠性至关重要。在进行线性度测量时，首先，将多通道偏振辐射计和参考探测器精确地对准卤钨灯积分球的出光口中心。这一步确保探测器能够接收均匀分布的光，进行准确的线性度测量。需要确保卤钨灯积分球的出射面能够完全覆盖多通道偏振辐射计的视场，这是为了确保整个探测器的表面都能接受光的均匀照射。其次，打开卤钨灯积分球，同时启动参考探测器和多通道偏振辐射计，并让它们预热至稳定的工作状态。预热过程是必要的，因为它可以确保所有设备在测量过程中都能提供稳定和一致的读数。最后，待各设备预热至稳定的工作状态后，通过调节卤钨灯积分球内点亮的灯数来改变其输出亮度。这一调节过程允许用不同的光照条件进行模拟，测试器件在不同光强下的线性响应。不同波长下的线性度检测结果如图 4.27～图 4.29 所示。它们详细地展示了在不同光强下器件的线性响应情况。

由图 4.27～图 4.29 可知，在整个动态测量范围内，器件的线性响应表现较好。这意味着在大多数情况下，器件能够准确地将入射光信号转换为相应的电信号，二者具有良好的线性关系。然而，在接近饱和响应值的区域，3 个通道的线性度出现了偏差，表明在高光强条件下，器件的线性响应可能会受到影响，导致测量结果的准确度下降。因此，在实际测量过程中，应该尽量避免在接近饱和响应值的区域进行测量，确保测量结果的可靠性和准确性。

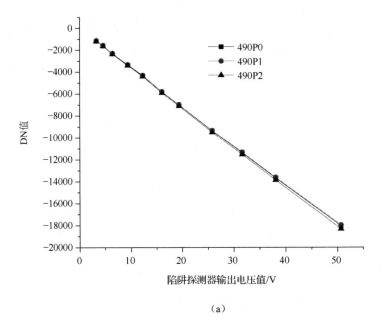

（a）

图 4.27　490nm 及 670nm 波长下的线性度检测结果

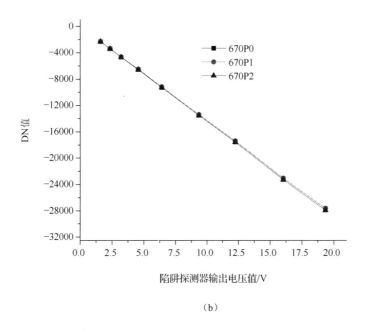

（b）

注：此图为彩图，见前言中的二维码

图 4.27　490nm 及 670nm 波长下的线性度检测结果（续）

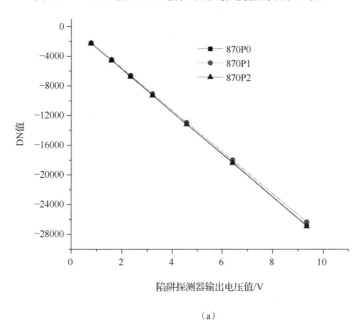

（a）

图 4.28　870nm 及 1610nm 波长下的线性度检测结果

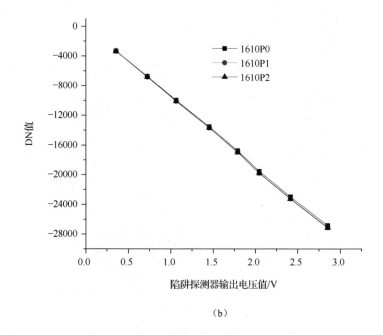

（b）

注：此图为彩图，见前言中的二维码

图 4.28　870nm 及 1610nm 波长下的线性度检测结果（续）

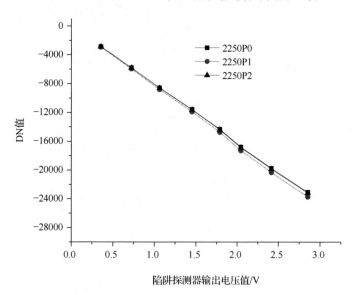

注：此图为彩图，见前言中的二维码

图 4.29　2250nm 波长下的线性度检测结果

4.5.3　信噪比

本节通过垂直观测可见光反射率为 0.3、红外线反射率为 0.7 的朗伯型反射目标对多通道偏振辐射计进行信噪比测试，测试条件：太阳高度角为 50°，光学厚度为 0.23，大气气溶胶类型为大陆型。

将多通道偏振辐射计正对卤钨灯积分球，卤钨灯积分球出射面充满多通道偏振辐射计的视场。打开多通道偏振辐射计和卤钨灯积分球，等待它们预热至稳定的工作状态（一般为 30min）。每间隔 0.2s 测量一次 DN 值，测量 1000 次，取其平均值和标准差，计算信噪比：

$$SNR = 20 \lg \left(\frac{DN_{mean}}{DN_{std}} \right) \tag{4.13}$$

式中，SNR 为多通道偏振辐射计的信噪比；

DN_{mean} 为探测器响应值的平均值；

DN_{std} 为探测器响应值的标准差。

信噪比测量结果如表 4.9 所示。从表 4.9 中可以看出，多通道偏振辐射计具有较高的信噪比。

表 4.9　信噪比测量结果

波长/nm	通道	DN_{mean}	DN_{std}	SNR
	490P0	8643.12	5.98263	63.20
490	490P1	8584.21	6.25703	62.75
	490P2	8860.89	6.37014	62.87
	670P0	8327.6	7.55432	60.85
670	670P1	8292.29	7.42512	60.96
	670P2	8222.16	7.24841	61.09
	870P0	18438.5	1.49884	81.80
870	870P1	18070.1	1.35784	82.48
	870P2	18098.6	1.57572	81.20

续表

波长/nm	通道	DN$_{mean}$	DN$_{std}$	SNR
1610	1610P0	23468.3	0.84772	88.84
	1610P1	23366.6	1.81807	82.18
	1610P2	23890.4	2.28143	80.40
2250	2250P0	21371.3	3.56126	75.56
	2250P1	21983.2	3.33257	76.39
	2250P2	21986.3	2.90724	77.57

4.6 本章小结

在建模分析影响多通道偏振辐射计偏振测量精度的多种因素、仿真关键参数，并提出相应的工程容差限的基础上，本章采用不同的方法降低各因素对偏振测量精度的影响，提高多通道偏振辐射计的测量精度。

首先，设计了基于最优时间控制的高精度探测器温控方案，设计了基于FPGA的温控电路单元，实现了小热容负载±0.1℃的温控精度，有效控制了探测器暗电流和噪声对偏振测量精度的影响。

其次，研究了多通道偏振辐射计偏振解析方向的测量方法，采用旋转消光拟合法测量偏振解析方向，发现通过设置合适的信噪比和合适的采样次数可以有效地控制测量误差，提高偏振解析方向的测量精度，为多通道偏振辐射计的装调和高精度定标提供有力支撑，也为实际工程优化及误差分析提供依据。通过研究视场重合度的测量方法和装调方法，表明在同一波长不同通道间装调的视场具有较高的重合度。

再次，根据第3章检偏通道的归一化响应度和滤光片带外要求对滤光片进行筛选。在筛选过程中通过输入不同目标，如朗伯型反射目标、天空漫射目标、月球地表反射目标、海洋、沙漠、植被、卤钨灯积分球典型目标的光谱辐亮度，并利用滤光片光谱透过率分析滤光片带内响应，获取通道间的相对透过率，实现滤光片的带内筛选，再根据带外响应对滤光片进行筛选。筛选时通过滤光片光谱透过率和典型目标的光谱辐亮度分析多通道偏振辐射计带外响应信号变化率随被测目标光谱辐亮度变化的情况，实现滤光片的带外筛选。

最后，对多通道偏振辐射计的响应不稳定度、线性度和信噪比进行测量，测量结果表明其具有较高的线性度和信噪比。对 490nm 波长 3 个通道的响应不稳定度进行检测时，DN 值呈现逐渐增大的趋势，需要对此进行进一步分析。

第5章

多通道偏振辐射计的偏振定标及验证

多通道偏振辐射计的偏振定标都是以所建模型为基础的，要确保模型准确、科学、合理。模型通过验证后，才能开展以模型为基础的偏振定标研究。本章主要设计多通道偏振辐射计的偏振定标方案，在偏振定标过程中，需要对相对光谱响应度、绝对响应度和偏振解析方向进行测试，并将测试结果和暗电流代入偏振探测矩阵中完成偏振测量，通过实验室实验和外场对比实验检验偏振测量精度。

5.1 偏振定标

5.1.1 波段间基准坐标差异的影响

假设偏振片的最大透过率为 t_x，最小透过率为 t_y，建立系统坐标系，其中，入射线偏振光与偏振片透过轴方向的夹角为 θ，若不考虑圆偏振，则偏振片的米勒矩阵为

$$\boldsymbol{M}_{\mathrm{p}}(\theta)=\frac{1}{2}\begin{bmatrix} t_x^2+t_y^2 & \left(t_x^2-t_y^2\right)\cos2\theta & \left(t_x^2-t_y^2\right)\sin2\theta \\ \left(t_x^2-t_y^2\right)\cos2\theta & \left(t_x^2+t_y^2\right)\cos^2 2\theta+2t_xt_y\sin^2 2\theta & \left(t_x-t_y\right)^2\cos2\theta\sin2\theta \\ \left(t_x^2-t_y^2\right)\sin2\theta & \left(t_x-t_y\right)^2\cos2\theta\sin2\theta & \left(t_x^2+t_y^2\right)\sin^2 2\theta+2t_xt_y\cos^2 2\theta \end{bmatrix}$$

$$(5.1)$$

设偏振片的消光系数为 e，则 $t_x^2 + t_y^2 = \left(e^2+1\right)/\left(e+1\right)^2$，$t_x^2 - t_y^2 = \left(e^2-1\right)/\left(e+1\right)^2$，若令 $t_x^2 + t_y^2 = \gamma$，$t_x^2 - t_y^2 = \varepsilon$，3 个偏振片的消光比分别为 e_0、e_{60} 和 e_{120}，入射光经过 3 个偏振片后，输出光强分别为 I_0、I_{60} 和 I_{120}，则有

$$\begin{pmatrix} I_0 \\ I_{60} \\ I_{120} \end{pmatrix} = \frac{1}{2} \begin{pmatrix} \gamma_0 & \varepsilon_0 \cos 2\theta_0 & \varepsilon_0 \sin 2\theta_0 \\ \gamma_{60} & \varepsilon_{60} \cos 2\theta_{60} & \varepsilon_{60} \sin 2\theta_{60} \\ \gamma_{120} & \varepsilon_{120} \cos 2\theta_{120} & \varepsilon_{120} \sin 2\theta_{120} \end{pmatrix} \begin{pmatrix} I \\ Q \\ U \end{pmatrix} \tag{5.2}$$

假设入射线偏振光和 0° 基准检偏器透过轴方向的夹角为 θ，入射线偏振光和同一波长下的其余两个检偏器透过轴方向的相对角度偏差分别为 δ_{60} 和 δ_{120}，则有

$$\begin{pmatrix} I_\theta \\ Q_\theta \\ U_\theta \end{pmatrix} = 2 \begin{bmatrix} \gamma_0 & \varepsilon_0 \cos 2\left(0+\theta\right) & \varepsilon_0 \sin 2\left(0+\theta\right) \\ \gamma_{60} & \varepsilon_{60} \cos 2\left(\frac{1}{3}\pi+\delta_{60}+\theta\right) & \varepsilon_{60} \sin 2\left(\frac{1}{3}\pi+\delta_{60}+\theta\right) \\ \gamma_{120} & \varepsilon_{120} \cos 2\left(\frac{2}{3}\pi+\delta_{120}+\theta\right) & \varepsilon_{120} \sin 2\left(\frac{2}{3}\pi+\delta_{120}+\theta\right) \end{bmatrix}^{-1} \begin{pmatrix} I_0 \\ I_{60} \\ I_{120} \end{pmatrix} \tag{5.3}$$

入射光通过偏振片后，线偏振度 P_{out} 可用 δ_{60} 和 δ_{120} 表示：

$$P_{\text{out}} = \frac{\sqrt{Q^2 + U^2}}{I}$$
$$= \sqrt{\frac{A+B+C+D}{\left[\varepsilon_0 \varepsilon_{60} I_{120} \sin\left(\frac{2}{3}\pi + 2\delta_{60}\right) - \varepsilon_0 \varepsilon_{120} I_{60} \sin\left(\frac{4}{3}\pi + 2\delta_{120}\right) + \varepsilon_{60}\varepsilon_{120} I_0 \sin\left(\frac{2}{3}\pi + 2\delta_{120} - 2\delta_{60}\right)\right]^2}} \tag{5.4}$$

偏振度和偏振方位角是描述偏振光特性的两个基本参数。假设入射线偏振光和 0° 基准检偏器透过轴方向的夹角为 θ，根据式（5.4）可知偏振度与 θ 无关。偏振度是一个无量纲的量，为偏振光强与总光强之比，这一比值不依赖于坐标系的选择，因此偏振度是一个与坐标系无关的物理量。

通过进一步分析可以推导出偏振方位角与 θ 是相关的。偏振方位角描述的是入射光中偏振矢量部分的振动方向。这个方向基于被选择的坐标系，因此偏振方位角与坐标系的选择密切相关。换句话说，如果改变坐标系，则偏振方位角会随之改变。

通过多波长联合反演目标信息时，为了确保准确地将不同波长下的数据联合起来使用，在实验室进行偏振定标时，选择一个固定波长，如 490nm，将其作为基准波长，并通过该波长下 0°方位的偏振片来定义一个基准坐标系。将其他所有波长下的 0°方位角分别与基准波长下的 0°方位角进行比较，以确定它们相对于基准坐标系的绝对角度偏差。

对于单波长，可以通过测量同一波长下入射线偏振光与 3 个检偏器透过轴方向的相对角度偏差来描述偏振方位角。这种方法允许在单一波长下对偏振光方向进行精确的测量和表征，不依赖于外部坐标系。

值得说明的是，通过上述方法可以确保不同波长下的偏振光测量结果具有可比性，为后续的数据处理和信息反演提供坚实的基础。这种方法不仅提高了测量的准确性，而且增强了测量结果的可靠性和一致性。

5.1.2　偏振定标系数测量

筛选偏振片之后，采用消光比较大（$e_k > 10^4$）的偏振片，式（3.2）中的 $(1-2/e_k) > 0.9998 \approx 1$，筛选带外信号响应可忽略的滤光片，由 2.3 节中的分析及式（3.9）可知，斯托克斯参数可通过式（5.5）求得。

$$\begin{bmatrix} I \\ Q \\ U \end{bmatrix} = \frac{1}{L_{\text{bsw}}(\lambda)} \begin{bmatrix} 1 & \cos 2\alpha_0 & \sin 2\alpha_0 \\ 1 & \cos 2\alpha_{60} & \sin 2\alpha_{60} \\ 1 & \cos 2\alpha_{120} & \sin 2\alpha_{120} \end{bmatrix}^{-1} \begin{bmatrix} (\text{DN}^0 + \text{DC}^0)/R_0 \\ (\text{DN}^1 + \text{DC}^1)/R_1 \\ (\text{DN}^2 + \text{DC}^2)/R_2 \end{bmatrix} \tag{5.5}$$

可以利用求得的斯托克斯参数计算光的偏振状态，如式（5.6）和式（5.7）所示：

$$P = \frac{\sqrt{Q^2 + U^2}}{I} \tag{5.6}$$

$$\tan \chi = \frac{U}{Q} \tag{5.7}$$

式中，$L_{bsw}(\lambda)$ 为任意偏振状态的光入射至系统中时入瞳处的平均光谱辐亮度；

R_k（$k=0$、1、2，代表 3 个检偏通道）为绝对响应度，可以通过式（3.6）利用非偏振光入射时探测器的响应值和入射光的辐亮度求得；

α_0、α_{60}、α_{120} 分别为 0°、60°、120°3 个通道相对于参考坐标系的偏振解析方向，即检偏器透过轴方向；

DN^k（$k=0$、1、2）为同一波长下 3 个通道探测器的响应值；

DC^k（$k=0$、1、2）为各通道探测器的暗电流。

1. 相对光谱响应度

相对光谱响应度是一个关键参数，它描述了探测器对不同波长光的响应能力。相对光谱响应度是指在特定波长 λ 下，探测器的输出信号与探测器在波长间隔 $d\lambda$ 内接收的单色光输入信号的比值。这个比值反映了探测器对特定波长的光的敏感程度，是评价探测器性能的重要指标之一。

为了更全面地描述探测器的光谱特性，通常需要对相对光谱响应率进行归一化处理，得到相对光谱响应度。相对光谱响应度不仅可以用来评估探测器的性能，而且可以将其与其他参数相结合，计算出偏振探测矩阵的绝对响应度。这通常涉及非偏振光入射至系统中的响应值和入射光的辐亮度。通过将这些参数与相对光谱响应度相结合，并根据相应的数学公式，可以求得探测器对特定波长光的绝对响应度。此外，通过分析相对光谱响应度曲线，还可以获得其他重要的光谱参数，如中心波长和带宽。中心波长是指探测器的最高响应度对应的波长，带宽描述的是探测器的响应度随波长变化的宽度。在设计一个多波段光学系统时，了解探测器的中心波长和带宽有助于选择合适的滤波器和光学元件，确保系统能够在所需的波长范围内工作。同时，这些参数还可以用于优化探测器的性能，如提高其光谱分辨率或调整其响应范围。

实验时，设计作为比对标准的标准探测器，使入射光通过单色仪，再使其入射至多通道偏振辐射计中，通过比较单色光通过多通道偏振辐射计不同通道时的响应值和标准探测器的响应值来得到相对光谱响应度，即 $r_k(\lambda_i)$ 可通过单色仪与标准探测器的比对计算获得，如式（5.8）所示：

$$r_k(\lambda_i) = \frac{V_k(\lambda_i) - V_{ko}(\lambda_i)}{V_p(\lambda_i) - V_{po}(\lambda_i)} R(\lambda_i) \tag{5.8}$$

式中，$r_k(\lambda_i)$ 为波长为 λ_i 时系统的相对光谱响应度，k 代表不同通道，i 代表不同波长；

$V_k(\lambda_i)$ 为波长为 λ_i 时系统探测器响应的输出信号；

$V_{ko}(\lambda_i)$ 为波长为 λ_i 时系统探测器的暗电流；

$V_p(\lambda_i)$ 为波长为 λ_i 时标准探测器响应的输出信号；

$V_{po}(\lambda_i)$ 为波长为 λ_i 时标准探测器的暗电流；

$R(\lambda_i)$ 为波长为 λ_i 时系统探测器的相对光谱响应度；

p 和 po 都代表标准探测器。

校准时，被稳压稳流电源供电的光源发出的光经过前光学系统入射至单色仪的入射狭缝处，从单色仪出射狭缝输出的单色光经过光学准直系统后，同时入射至多通道偏振辐射计和标准探测器中，具体测量步骤如下。

（1）准备：首先，通过稳压稳流电源为光源供电，确保光源发出的光稳定。此步骤是整个校准过程的基础，因为光源的稳定性直接关系着后续测量的准确性。

（2）探测器的初始化：打开多通道偏振辐射计及标准探测器的制冷开关，等待制冷系统达到稳定状态。此步骤对于探测器在最佳工作温度下持续运行至关重要，因为温度会影响探测器的性能。

（3）光路设置：光源发出的光经过前光学系统。这一系统的作用是对光束整形并将其引导至单色仪的入射狭缝处。前光学系统的设计和调整对于确保光束质量和入射条件至关重要。

（4）使入射至单色仪中的光通过入射狭缝。单色仪的作用是根据需要选择特定波长的光。从单色仪出射狭缝输出的单色光是校准过程中的关键因素，因为它决定了探测器接收的光是何种波长的光。

（5）单色光经过光学准直系统。该系统确保光在传输过程中保持准直，减少光的发散，提高测量精度。

（6）探测器的准备：使经过光学准直系统的单色光同时入射至多通道偏振辐射计和标准探测器中。这一步是校准过程的核心，因为探测器的性能直接影响测量结果。

（7）暗电流的测量：采集并记录多通道偏振辐射计的暗电流。暗电流是探测器在无光照条件下的电流输出，对于评估探测器的噪声水平和性能至关重要。

（8）波长的调整与稳定：调整单色仪的输出波长为所需的起始波长，并等待单色仪的输出波长稳定。需要精确控制此步骤，因为波长的准确性直接影响测量结果。

（9）信号的采集与记录：输出波长稳定后，采集并记录被测探测器和标准探测器的输出值。这一步是获取探测器响应特性的关键。

（10）波长的连续改变：按照 1nm 的间隔改变单色仪的波长，重复上述采集和记录步骤。这一过程需要系统地进行，确保覆盖需要测试的波长范围。

（11）测试范围的设定：将波长范围设为各通道理论波长范围的 2 倍，中心波长与各通道理论中心波长一致。此设置确保了测试的全面性，可以评估探测器在整个波段范围内的工作性能。

（12）通道的全面测试：移动多通道偏振辐射计，直至所有通道测试完成。此步骤确保了每个通道都能被单独评估，以全面了解探测器的性能。

（13）数据的分析与处理：在所有测试完成后，对收集的数据进行分析和处理。这一步包括数据的校准、比较和评估，以确定探测器的性能指标。

中心波长计算公式如式（5.9）所示，λ_l 和 λ_u 为 k 通道带内范围的上限、下限波长，取当相对光谱响应度为 1%时对应的上限、下限波长：

$$\lambda_\mathrm{center} = \int_{\lambda_\mathrm{l}}^{\lambda_\mathrm{u}} r_{\mathrm{b}\lambda} \lambda \mathrm{d}\lambda \Big/ \int_{\lambda_\mathrm{l}}^{\lambda_\mathrm{u}} r_{\mathrm{b}\lambda} \mathrm{d}\lambda \qquad (5.9)$$

根据相对光谱响应度的测量曲线，按照式（5.10）计算工作波段范围内光谱的带宽：

$$\Delta\lambda = \left| \lambda_{\tau 1} - \lambda_{\tau 2} \right| \qquad (5.10)$$

式中，$\Delta\lambda$ 为相应波段光谱的带宽；

$\lambda_{\tau 1}$ 为半高峰宽低波长点；

$\lambda_{\tau 2}$ 为半高峰宽高波长点。

不同波长通道相对光谱响应度的测量结果如图 5.1～图 5.3 所示，中心波长和带宽的检测结果如表 5.1 所示。

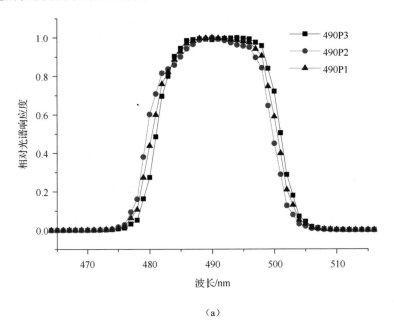

（a）

图 5.1　490nm 和 670nm 波长通道相对光谱响应度的测量结果

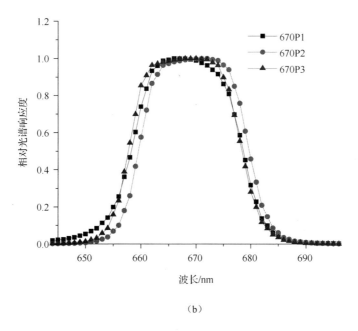

（b）

注：此图为彩图，见前言中的二维码

图 5.1   490nm 和 670nm 波长通道相对光谱响应度的测量结果（续）

在对探测器的性能进行分析时，通常会通过图和表格来展示不同通道的中心波长和带宽。通过这些数据可以对探测器的性能有一个直观的了解。从图和表格中可以观察到所有通道的中心波长和带宽之间的差异相对较小，表明探测器在不同通道上的性能具有较好的一致性。然而，670nm 波长通道和 490nm 波长通道之间的差异稍大，这可能是因为这两个波长对应的探测器对光的响应特性存在细微差别。进一步观察图和表格可以发现，在同一波长下不同通道间的相对光谱响应度也存在一定的差异，特别是在 670nm 波长下，3 个通道之间的差异较明显。具体来说，670nm 波长通道的相对光谱响应度与其他两个通道相比，表现出中心通道向长波方向轻微移动的趋势。尽管这种差异并不显著，但是仍然值得关注。为了深入理解产生这种差异的原因，将图和表格中的数据与滤光片筛选参考数据进行了对比。通过对比分析，预计这种差异可能是由探测器自身的响应特性差异导致的。探测器自身的响应特性差异可能与探测器的材料、制造工艺和设计参数有关。此外，通过绝对响应度计算得到了不同通道的相对透过率，并对其进行了比较。根据这些数据可以判断目前的差异在可接受的范围内，不会对探测器的整体性能产生显著影响。

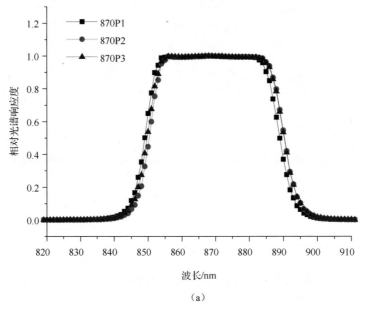

（a）

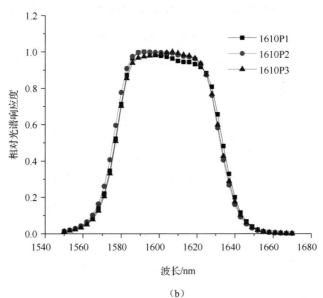

（b）

注：此图为彩图，见前言中的二维码

图 5.2　870nm 和 1610nm 波长通道相对光谱响应度的测量结果

如果希望在未来进一步提高偏振测量精度，则可以考虑对探测器的光谱响应进行更深入的测量和分析。具体来说，可以根据探测器的光谱响应曲线来评估其在整个工作波段范围内的响应特性。此外，还可以考虑采用先进的校准技术，如光谱响应校准技术，来进一步提高探测器的性能。通过校准可以补偿探测器的光谱响应差异，提高测量的准确性和一致性。

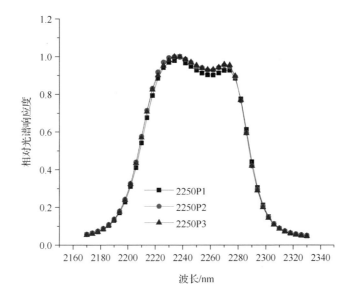

注：此图为彩图，见前言中的二维码

图 5.3　2250nm 波长通道相对光谱响应度的测量结果

表 5.1　中心波长和带宽的检测结果

通道	中心波长/nm	带宽/nm
490P0	491	19.93
490 P1	489.9	19.53
490 P2	490.5	19.84
670P0	667.4	19.93
670P1	669.7	20.66
670P2	668.2	21.14
870P0	869.1	40.59
870P1	870.4	40.63
870P2	870.1	41.14

通道	中心波长/nm	带宽/nm
1610P0	1604.7	57.08
1610P1	1603.7	56.92
1610P2	1604.7	55.88
2250P0	2248.3	79.9
2250P1	2247.8	80.39
2250P2	2247.9	80.21

2. 绝对响应度

绝对响应度指的是当仪器接收非偏振的、具有确定辐射亮度的入射光时所产生的相应输出值。多通道偏振辐射计的绝对响应度可以通过式（5.11）计算得到。

$$R_k = \frac{\overline{DN}^k}{L_{BSR}^k(\lambda)} = \frac{\frac{1}{n}\sum_{i=1}^{i=n}\left(DN_i^k - DC_i^k\right)\sum_{\lambda_i=\lambda_1}^{\lambda_i=\lambda_u}r_k(\lambda_i)}{\sum_{\lambda_i=\lambda_1}^{\lambda_i=\lambda_u}L_s^k(\lambda_i)r_k(\lambda_i)} \tag{5.11}$$

式中，$\overline{DN}^k(k=0,1,2)$ 为非偏振光入射至系统中时扣除本底后的系统响应的平均值；

$L_{BSR}^k(\lambda)$ 为非偏振光入射至系统中时入瞳处的平均光谱辐亮度；

DN_i^k（k=0、1、2）为非偏振光入射至系统中后各通道多次测量时探测器单次 DN 值；

DC_i^k 为系统各通道的本底信号；

$r_k(\lambda_i)$ 为波长为 λ_i 时系统的相对光谱响应度；

$L_s^k(\lambda_i)$ 为波长为 λ_i 测量 k 通道时使用的非偏振光的光谱辐亮度；

λ_l 和 λ_u 分别为 k 通道带内范围的上限波长和下限波长。

绝对辐射定标采用积分球标准辐射源和光谱辐亮度计对比定标的方式，光谱辐亮度计溯源到标准灯-参考板系统。整个测量装置包括积分球标准辐射源、光谱辐亮度计、观测切换装置等。在要求的辐亮度档位下，将多通道偏振辐射计和光谱辐亮度计同时对准积分球出口中心位置后采集数据。绝对响应度的测量结果如表 5.2 所示。

表 5.2　绝对响应度的测量结果

通道	DN 值的平均值	DN 值的本底值	DN 值	平均光谱辐亮度/($\mu W \cdot cm^{-2} \cdot sr^{-1} \cdot nm^{-1}$)	绝对响应度/($\mu W^{-1} \cdot cm^2 \cdot sr \cdot nm$)
490P0	−17888.4	176.4	−18064.8	27.9	646.55
490 P1	−17841.9	139.8	−17981.8	28.0	642.78
490P2	−18178.5	145.1	−18323.6	28.1	652.32
670P0	−23132.9	140.0	−23272.9	27.8	838.61
670P1	−22906.1	140.9	−23047	27.7	830.53
670P2	−23131.2	135.4	−23266.7	27.8	837.3
870P0	−26712.7	112.5	−26825.2	21.9	1226.6
870P1	−26245.2	130.6	−26375.8	21.9	1206.0
870P2	−26832.7	124.6	−26957.3	21.9	1232.2
1610P0	−22881.2	108.2	−22989.42	4.41	5207.6
1610P1	−22964	116.7	−23080.73	4.42	5223.0
1610P2	−23112.8	115.0	−23227.78	4.42	5260.8
2250P0	−22691	379.4	−23070.41	1.21	19103.0
2250P1	−23179.1	216.7	−23395.75	1.21	19264.0
2250P2	−23546.4	177.9	−23724.27	1.21	19528.0

由绝对响应度可以计算得出相对透过率，相对透过率的计算结果如表 5.3 所示。结果显示相对透过率比较差的波长是 670nm，其相对透过率最小值为 0.974，满足 3.1 节提出的相对透过率不小于 0.9 的要求。

表 5.3　相对透过率的计算结果

波长/nm	P0 通道	P1 通道	P2 通道
490	0.991	0.985	1
670	1	0.974	0.978
870	0.995	0.991	1
1610	1	0.999	0.999
2250	1	0.999	0.994

3．偏振解析方向

根据 3.3 节的描述，采用旋转消光拟合法测量偏振解析方向。测量时首先测定仪器的信噪比，将信噪比大于 300 的光强作为测量时使用的光强，使精密电控转台带动参考偏振片以等角度间隔在 0°～360°范围内连续旋转，每隔 5°记录探测器的响应值。

得到的响应值呈余弦曲线变化趋势，其初始相位 α 为该通道与参考起偏器的偏振解析方向之间的相对角度偏差。由于装调时各波长 P0 通道的偏振片与系统坐标轴近似重合，因此测量时将 P0 通道作为 0°偏振检偏方向。与此同时，其余波长（670nm、870nm、1610nm、2250nm）P0 通道均以 490nm 波长 P0 通道的偏振解析方向为参考基准。检偏器透过轴方向之间的相对角度偏差如表 5.4 所示。

将表 5.4 中的数据与设计的标准位置进行比较，可以得到相对角度偏差。通过计算可得，检偏器透过轴方向与设计的方向偏离的最大值为 1.57°（670nm 波长 P1 通道），偏差稍大，其余通道与标准位置的偏差均小于 1°。但是测量结果显示，装调结果并不是从相反的方向靠近理想位置，后期需要对装调进行调整，应尽量从相反的方向靠近理想位置。

表 5.4　检偏器透过轴方向之间的相对角度偏差

波长/nm	相对角度值（P0）/（°）	相对角度值（P1）/（°）	相对角度值（P2）/（°）
490	0	60.05	120.78
670	−0.55	58.43	120.39
870	−0.50	58.96	120.44
1610	−0.62	59.72	120.35
2250	0.73	59.88	120.43

5.2　偏振测量精度验证

5.2.1　实验室验证

实验室偏振测量精度指的是多通道偏振辐射计经过偏振定标后，其偏振度测量值相对于可调偏振度光源参考值的偏离程度。主要利用可调偏振度光源对偏振光学遥感器偏振测量精度进行验证。可调偏振度光源利用自然光通过玻片堆产生偏振光，旋转玻片堆可以产生偏振度不同的线偏振光，实现偏振度的连续输出。将通过多通道偏振辐射计测得的偏振度与可调偏振度光源输出的偏振度进行对比，实现偏振测量精度的验证。

实验时，可调偏振度光源 VPOLS-II 的偏振度参考值输出有 0、5%、10%、15%、20%、25%、30% 和 45% 8 种，用于验证 490nm、670nm、865nm 和 1610nm 波长通道的偏振定标精度；专用于近红外的可调偏振度光源 VPOLS-SWIR 的偏振度参考值输出有 0、4.19%、8.65%、13.18%、18.21%、23.33% 和 28.06% 7 种，用于验证 2250nm 波长通道的偏振测量精度。根据多通道偏振辐射计的偏振度测量值与参考值的偏差和测量不确定度来判断偏振测量精度是否符合要求。

图 5.4 所示为实验室偏振测量精度验证使用的装置，其中，可调偏振度光源主要通过 RSM73-1 精密旋转台和平板玻璃实现偏振调节，通过改变平板玻璃堆与入射光的夹角实现对入射光的调制，使折射光具有不同的偏振度。测量时，首先调节内调焦平行光管，使其与偏振调节器的两个平板玻璃（初始位置）准直；其次通过内调焦平行光管叉丝像信号采集寻找其中心视场；最后移去内调焦平行光管，点亮可调偏振度光源并预热，调节可调偏振度光源，使其输出8 种状态的光，偏振度分别为 0、5%、10%、15%、20%、25%、30% 和 45%。多通道偏振辐射计各通道分别对这 8 种状态的光测量 60 次。更换可调偏振度光源 VPOLS-SWIR 完成 2250nm 波长通道的信号采集。然后通过式（5.5）和式（5.7）计算出多通道偏振辐射计的偏振度，通过与可调偏振度光源的输出值进

行比较可得偏振测量精度的实验室验证结果。具体结果如表 5.5～表 5.9 所示。

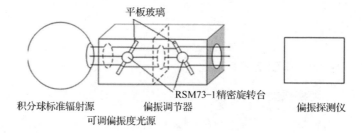

图 5.4　实验室偏振测量精度验证使用的装置

表 5.5　490nm 波长偏振度测量结果

偏振调节器平板玻璃旋转角度/（°）	输入的偏振度 P_C/%	第一次测量			第二次测量		
		测量值 P_M/%	偏差 $\|P_M-P_C\|$/%	平均偏差/%	测量值 P_M/%	偏差 $\|P_M-P_C\|$/%	平均偏差/%
0.0000	0	0	0		0	0	
18.7100	5	4.24	0.76		4.28	0.72	
25.9800	10	9.27	0.73		9.35	0.65	
31.3100	15	14.32	0.68		14.45	0.55	
35.6550	20	19.40	0.60	0.47	19.59	0.41	0.40
39.3720	25	24.49	0.51		24.71	0.29	
42.6750	30	29.63	0.37		29.87	0.13	
51.0925	45	45.07	0.07		45.41	0.41	

表 5.6　670nm 波长偏振度测量结果

偏振调节器平板玻璃旋转角度/（°）	输入的偏振度 P_C/%	第一次测量			第二次测量		
		测量值 P_M/%	偏差 $\|P_M-P_C\|$/%	平均偏差/%	测量值 P_M/%	偏差 $\|P_M-P_C\|$/%	平均偏差/%
0.0000	0	0	0		0	0	
18.8710	5	4.22	0.78		4.21	0.79	
26.2050	10	9.20	0.8		9.20	0.8	
31.5780	15	14.21	0.79		14.24	0.76	
35.9500	20	19.26	0.74	0.57	19.29	0.71	0.54
39.6821	25	24.32	0.68		24.35	0.65	
43.0000	30	29.43	0.57		29.46	0.54	
51.4409	45	44.8	0.2		44.9	0.1	

表 5.7　870nm 波长偏振度测量结果

偏振调节器平板玻璃旋转角度/(°)	输入的偏振度 P_C/%	第一次测量			第二次测量		
		测量值 P_M/%	偏差 $|P_M-P_C|$/%	平均偏差/%	测量值 P_M/%	偏差 $|P_M-P_C|$/%	平均偏差/%
0.000	0	0	0		0	0	
18.9690	5	4.34	0.66		4.25	0.75	
26.3400	10	9.28	0.72		9.21	0.79	
31.7250	15	14.23	0.77	0.63	14.2	0.8	0.61
35.1100	20	19.22	0.78		19.22	0.78	
39.8520	25	24.21	0.79		24.26	0.74	
41.1780	30	29.24	0.76		29.32	0.68	
51.6315	45	44.42	0.58		44.66	0.34	

表 5.8　1610nm 波长偏振度测量结果

偏振调节器平板玻璃旋转角度/(°)	输入的偏振度 P_C/%	第一次测量			第二次测量		
		测量值 P_M/%	偏差 $|P_M-P_C|$/%	平均偏差/%	测量值 P_M/%	偏差 $|P_M-P_C|$/%	平均偏差/%
0.0000	0	0	0		0	0	
19.2000	5	4.30	0.7		4.14	0.86	
26.6200	10	9.33	0.67		9.10	0.90	
32.0550	15	14.39	0.61	0.44	14.08	0.92	0.66
36.4650	20	19.49	0.51		19.12	0.88	
40.2310	25	24.61	0.39		24.19	0.81	
43.5700	30	29.77	0.23		29.29	0.71	
52.0550	45	45.37	0.37		44.78	0.22	

表 5.9　2250nm 波长偏振度测量结果

偏振调节器平板玻璃旋转角度/(°)	输入的偏振度 P_C/%	第一次测量			第二次测量		
		测量值 P_M/%	偏差 $|P_M-P_C|$/%	平均偏差/%	测量值 P_M/%	偏差 $|P_M-P_C|$/%	平均偏差/%
0.000	0	0	0		0	0	
19.4200	5	4.85	0.18		4.83	0.2	
27.0100	10	9.64	0.36		9.65	0.35	
32.3900	15	14.23	0.5	0.49	14.23	0.5	0.46
36.8300	20	19.33	0.62		19.3	0.65	
40.6130	25	23.67	0.79		23.64	0.82	
43.9680	30	29.79	0.84		29.74	0.89	
52.4850	45	44.35	0.65		44.77	0.23	

对测量结果进行对比可以看出，通过多通道偏振辐射计测量得到的偏振度与输入的偏振度的平均偏差均小于 1%，并且在输入的偏振度为 20% 时，测得的偏差均小于 1%，即偏振测量精度优于 1%，符合实际的偏振测量精度要求。

5.2.2　外场对比实验验证

外场对比实验与具有偏振测量能力的 CE318-NE DPS9 多波段太阳光度计测试同时进行，通过对比测量结果来验证多通道偏振辐射计的偏振测量精度。

测量地点为北京市怀柔区的中国科学院大学雁栖湖校区，地理位置为（40.4083°N，116.6744°E）。在实验时段天空有雾霾，阳光照射物体产生的影子可看出轮廓。随着时间推移，雾霾减轻，太阳直射光逐渐增强。多通道偏振辐射计和 CE318-NE DPS9 皆垂直向上进行观测。图 5.5 所示为外场偏振测量精度对比验证现场。

图 5.5　外场偏振测量精度对比验证现场

对通过多通道偏振辐射计和 CE318-NE DPS9 测得的数据进行比较，如表 5.10 所示。

表 5.10 外场偏振测量精度对比结果

时刻	通过多通道偏振辐射计测得的线偏振度				通过 CE318-NE DPS9测得的线偏振度				绝对误差			
	490nm	670nm	870nm	1610nm	500nm	675nm	870nm	1640nm	490/500nm	670/675nm	870/870nm	1610/1640nm
17:55:28	0.515	0.351	0.217	0.153	0.490	0.347	0.302	0.182	0.025	0.004	0.085	0.029
17:56:35	0.517	0.353	0.219	0.154	0.490	0.328	0.292	0.166	0.027	0.025	0.073	0.012
17:58:43	0.524	0.359	0.225	0.157	0.489	0.356	0.268	0.193	0.035	0.002	0.043	0.037
18:00:09	0.526	0.360	0.227	0.158	0.489	0.344	0.265	0.194	0.037	0.016	0.038	0.036
18:02:03	0.528	0.359	0.227	0.159	0.489	0.350	0.244	0.189	0.039	0.009	0.017	0.030
18:02:57	0.531	0.362	0.229	0.160	0.493	0.334	0.271	0.193	0.039	0.028	0.042	0.033
18:03:49	0.533	0.363	0.230	0.161	0.477	0.350	0.258	0.197	0.056	0.013	0.028	0.036
18:04:43	0.534	0.364	0.231	0.162	0.484	0.352	0.264	0.203	0.050	0.012	0.033	0.041
18:05:36	0.536	0.364	0.232	0.162	0.493	0.358	0.256	0.197	0.044	0.006	0.025	0.035
18:06:53	0.539	0.367	0.234	0.164	0.497	0.352	0.278	0.191	0.043	0.015	0.043	0.028
18:07:51	0.541	0.368	0.234	0.165	0.516	0.365	0.256	0.187	0.025	0.003	0.022	0.023
18:09:23	0.545	0.372	0.238	0.167	0.503	0.362	0.263	0.192	0.042	0.011	0.025	0.025
18:10:09	0.548	0.375	0.241	0.169	0.503	0.387	0.266	0.198	0.045	0.013	0.025	0.030
18:11:13	0.551	0.377	0.243	0.169	0.503	0.368	0.278	0.199	0.048	0.009	0.035	0.030
18:12:16	0.554	0.379	0.244	0.170	0.504	0.370	0.277	0.189	0.050	0.010	0.033	0.019
18:13:23	0.557	0.383	0.248	0.171	0.507	0.373	0.284	0.212	0.050	0.009	0.037	0.040
18:14:28	0.559	0.384	0.249	0.172	0.511	0.376	0.282	0.201	0.048	0.008	0.033	0.028
18:15:23	0.560	0.386	0.249	0.174	0.507	0.371	0.283	0.208	0.053	0.015	0.034	0.034
18:16:31	0.562	0.391	0.249	0.175	0.511	0.363	0.276	0.212	0.051	0.029	0.027	0.037
18:17:27	0.564	0.393	0.250	0.176	0.502	0.362	0.284	0.202	0.062	0.030	0.034	0.025
18:18:14	0.569	0.399	0.254	0.177	0.510	0.365	0.315	0.215	0.059	0.034	0.061	0.037
18:19:01	0.571	0.402	0.256	0.178	0.522	0.376	0.263	0.203	0.050	0.025	0.008	0.025
18:19:51	0.575	0.406	0.258	0.193	0.515	0.376	0.242	0.211	0.061	0.030	0.016	0.018
平均值和平均误差	0.545	0.375	0.238	0.167	0.500	0.360	0.272	0.197	0.045	0.015	0.036	0.030
最大偏差									0.062	0.034	0.085	0.041

外场偏振测量精度对比结果显示，多通道偏振辐射计的 490nm 波长与 CE318-NE DPS9 的 500nm 波长的测量结果相比，平均误差为 0.045，最大偏差为 0.062；多通道偏振辐射计的 670nm 波长与 CE318-NE DPS9 的 675nm 波长的测量结果相比，平均误差为 0.015，最大偏差为 0.034；多通道偏振辐射计的

870nm 波长与 CE318-NE DPS9 的 870nm 波长的测量结果相比，平均误差为 0.036，最大偏差为 0.085；多通道偏振辐射计的 1610nm 波长与 CE318-NE DPS9 的 1640nm 波长的测量结果相比，平均误差为 0.030，最大偏差为 0.041。平均误差最大值为 0.045，平均误差最小值为 0.015，平均误差均小于 0.05。

实验结果符合实际使用的偏振测量精度要求，说明偏振定标方法的选择是合理的，误差分析和控制是有效的。

5.3　本章小结

本章主要介绍多通道偏振辐射计的偏振定标方法和偏振测量精度验证实验。根据第 3 章得到的偏振探测矩阵设计了具体的定标实验来求得偏振探测矩阵中的未知参数，也设计了实验室实验和外场对比实验。通过多通道偏振辐射计测得的偏振度与输入的偏振度的平均偏差均小于 1%，并且在输入的偏振度为 20%时，测得的偏差均小于 1%，即偏振测量精度优于 1%，符合实际的偏振测量精度要求。平均误差最大值为 0.045，平均误差最小值为 0.015，平均误差均小于 0.05，实验结果符合实际使用的偏振测量精度要求，说明偏振定标方法的选择是合理的。

在测量检偏通道的归一化响应度时，发现 670nm 波长 3 个通道间的差异稍大，670P2 通道的相对光谱响应度与其他两个通道相比，中心通道向长波方向移动，但是差异不大，对比滤光片筛选数据，预计该差异是由探测器的响应差异导致的，对比根据绝对响应度计算得到的通道间的相对透过率可知，该差异可以容忍。若后期需要进一步提高偏振测量精度，则可以对探测器的相对光谱响应度进行测量，以及对探测器进行筛选。

第6章

总结

多通道偏振辐射计主要用于实现高精度大气遥感探测。多通道偏振辐射计的测量精度影响遥感信息反演的精度，对于大气遥感探测有重要意义，是大气参数高精度反演的必要基础。

本书根据多通道偏振辐射计的特点提出了具体的偏振定标模型，并从偏振定标模型中偏振探测矩阵的各项未知参数出发，梳理了多通道偏振辐射计的关键参数；围绕如何提高多通道偏振辐射计的测量精度，对影响偏振测量精度的关键因素进行了分析和讨论，通过分析获得了关键因素的工程容差限；针对不同的关键因素采用不同的方法降低其对偏振测量精度的影响；进行了整机性能检测和偏振定标，设计了多通道偏振辐射计的偏振定标测试方案，完成了实验室定标；测试了相对光谱响应度、相对透过率、非线性、非稳定性、多偏振通道的视场重合度、偏振片透过轴的相对偏差等关键参数，保证了多通道偏振辐射计的偏振测量精度。

首先调研了国外和国内偏振遥感仪器的发展和现状，从仪器的特点、发展现状、波段选择、性能特点、光学设计等方面比对了目前的偏振探测仪器，重点分析了与多通道偏振辐射计相关的 POLDER 探测器、APS、SPEX、MSPI，以及国内的 DPC、AMPR，对比了它们的光学特点；介绍了偏振的基本概念，叙述了斯托克斯参数测量原理；简单介绍了多通道偏振辐射计的光学设计、电子学及软件的设计。

其次推导了用于偏振定标的偏振探测矩阵，建模分析了影响多通道偏振辐射计偏振测量精度的多种因素，仿真了关键参数的影响结果，提出了相应的工程容差限。采用不同的控制方法，降低各因素对偏振测量精度的影响，提高偏振测量精度。

最后设计多通道偏振辐射计的偏振定标方案，并且在实际中开展定标实验时，需要对相对光谱响应度、绝对响应度和偏振解析方向进行测试，然后将它们和暗电流代入偏振探测矩阵中完成偏振测量，通过实验室实验和外场对比实验验证偏振测量精度。

本书结合定标，从偏振探测矩阵出发，控制偏振探测矩阵中的每一个未知参数的误差容限，这些未知参数主要包括检偏通道的归一化响应度、探测器的响应稳定性、暗电流、偏振解析方向、视场重合度、偏振片特性差异和滤光片特性差异。本书在第 4 章对这些参数逐一进行分析，在提出相应的工程容差限的基础上，采用不同的方法降低各因素对偏振测量精度的影响。或提高未知参数偏振定标的精度，或提高多通道偏振辐射计使用组件的一致程度，或选用更为理想的器件，或设计更为合适的装调方法，或通过不同的方法控制多通道偏振辐射计产生的测量偏差和噪声等，使仪器的偏振测量精度得到提高。

对检偏通道的归一化响应度变化导致的线偏振度误差的影响量级进行了分析，提出了测量误差指标。通过引入 DN 值与通道绝对响应度的比值，分析探测器响应度的不稳定性对偏振测量精度的影响，然后提出了具体的指标。与此同时，根据检偏通道的归一化响应度和滤光片带外要求对滤光片进行了筛选。在筛选过程中通过输入不同目标，如朗伯型反射目标、天空漫射目标、月球地表反射目标、海洋、沙漠、植被、卤钨灯积分球的光谱辐亮度，并利用滤光片光谱透过率数据分析滤光片带内响应，获取通道间的相对透过率，实现滤光片的带内筛选。然后根据带外响应筛选滤光片。筛选时同样根据滤光片的光谱透过率和典型目标的光谱辐亮度数据，分析多通道偏振辐射计的带外响应信号值与带内响应信号值的比值随被测目标光谱辐亮度变化的情况，实现滤光片的带外筛选。

对暗电流的控制方面主要介绍了对短波红外通道暗电流的控制。短波红外通道暗电流的控制主要通过控制探测器的温度来实现。设计了基于最优时间控制的高精度探测器温控方案，设计了基于 FPGA 的温控电路单元，实现了小热容负载±0.1℃的温控精度，有效控制了探测器暗电流和噪声对偏振测量精度的影响。

通过对偏振解析方向的测量精度进行分析，发现偏振解析方向的测量精度与偏振片方位角的装调精度在一定程度上相关，为了实现装调精度和测量精度的合理配合，要求装调误差在±5°范围内变化，同时相对角度误差应小于0.1°。研究了多通道偏振辐射计偏振解析方向的测量方法，采用旋转消光拟合法测量偏振解析方向，发现通过设置合适的信噪比和合适的采样次数可以有效地控制测量误差，提高偏振解析方向的测量精度，为多通道偏振辐射计的装调和高精度偏振定标提供了有力支撑，也为实际工程优化及误差分析提供了依据。

视场重合度是分孔径同时测量过程中的重要指标，国外学者 Christopher M. Persons 等的研究结果表明，在像移的数量小于等于 0.1 个像元时，由像移导致的线偏振度误差小于 0.5%，所以在使用多通道偏振辐射计的过程中首先要保证装调误差符合要求。研究了视场重合度的度量方法和装调方法，实验结果表明，多通道偏振辐射计同一波长不同通道间装调的视场具有较高的重合度。

带外响应是辐射测量误差的重要来源，根据仿真分析结果，要求带外响应信号变化率小于 0.6%。偏振片的消光比会影响偏振测量精度，当 3 个通道使用消光比为 10^{-3} 及以上级别的偏振片时，能基本满足偏振度为 20%时偏振测量精度优于 1%的设计需求。

根据第 3 章得到的偏振探测矩阵设计了具体的偏振定标实验来求得偏振探测矩阵中的未知参数，也设计了实验室实验和外场对比实验。由多通道偏振辐射计测得的偏振度与输入的偏振度的平均偏差均小于 1%，并且在输入的偏振度为 20%时，测得的偏差均小于 1%，即偏振测量精度优于 1%，符合实际的偏振测量精度要求。在外场对比实验中，平均误差最大值为 0.045，平均误差最小值为 0.015，平均误差均小于 0.05，实验结果符合实际使用的偏振测量精度要求，说明偏振定标方法的选择是合理的。

参考文献

[1] 侯俊峰, 吴太夏, 王东光,等. 分时偏振成像系统中光束偏离的补偿方法研究[J]. 物理学报, 2015, 64(6): 60701.

[2] Diner D J, Chipman R A, Beaudry N A, et al. An integrated multiangle, multispectral, and polarimetric imaging concept for aerosol remote sensing from space[J]. Proceedings of SPIE- The International Society for Optical Engineering, 2005, 5659:88-96.

[3] 宋茂新. 用于航空偏振遥感的多角度偏振辐射计研究[D]. 合肥: 中国科学院安徽光学精密机械研究所, 2012.

[4] Andresen B F. Preflight calibration of the POLDER instrument [J]. Proceedings of SPIE-The International Society for Optical Engineering, 1995, 2553: 218-231.

[5] Persh S, Butler J J, Xiong X, et al. Ground performance measurements of the Glory Aerosol Polarimetry Sensor[J]. International Society for Optics and Photonics, 2010, 7807(1): 780730.

[6] 李正强. 地面光谱多角度和偏振探测研究大气气溶胶[D]. 合肥: 中国科学院安徽光学精密机械研究所, 2004.

[7] Leroy M, Lifermann A. The POLDER instrument: Mission and scientific results[C]. Honolulu, HI: IEEE, 2000.

[8] Andre Y, Laherrere J M, Bret-Dibat T, et al. Instrumental concept and performances of the POLDER instrument[J]. Proceedings of SPIE-The International Society for Optical Engineering, 1995, 2572: 79-90.

[9] Deuzé J L, Bréon F M, Devaux C, et al. Remote sensing of aerosols over land surfaces from POLDER-ADEOS-1 polarized measurements[J]. Journal of Geophysical Research Atmospheres, 2001, 106(D5): 4913-4926.

[10] Deschamps P Y, Breon F M, Leroy M, et al. The POLDER mission: Instrument characteristics and scientific objectives[J]. IEEE Transactions on Geoscience & Remote Sensing, 1994, 32(3): 598-615.

[11] Marbach T, Phillips P, Lacan A. The Multi-Viewing, -Channel, -Polarisation Imager(3MI) of the EUMETSAT Polar System-Second Generation(EPS-SG) dedicated to aerosol characterization[J]. Proceedings of SPIE-The International Society for Optical Engineering, 2013, 8889(6): 22-24.

[12] Manolis I, Grabarnik S, Caron J, et al. The MetOp second generation 3MI instrument[C]. Sensors, Systems, and Next-Generation Satellites XVII, 2013: 22-24.

[13] 王东. 新型多光谱偏振成像技术研究[D]. 长春：中国科学院长春光学精密机械与物理研究所, 2015.

[14] Elders J P, Straka S A, Carosso N, et al. Aerosol Polarimeter Sensor (APS) Contamination Control Requirements and Implementation[C]//2010:779406.

[15] Peralta R J, Nardell C, Cairns B, et al. Aerosol polarimetry sensor for the Glory Mission[C]//2007:67865L-67865L-17.

[16] Snik F, Rietjens J H H, Harten G V, et al. SPEX: the spectropolarimeter for planetary exploration[J]. International Society for Optics and Photonics, 2010.

[17] Van Harten G, Snik F, Rietjens J H H, et al. Prototyping for the Spectropolarimeter for Planetary EXploration (SPEX): calibration and sky measurements[C]// Polarization Science & Remote Sensing V.International Society for Optics and Photonics, 2011:81600Z.

[18] Diner D J, Mischna M, Chipman R A,et al. WindCam and MSPI: Two cloud and aerosol instrument concepts derived from Terra/MISR heritage[J]. Proceedings of SPIE-The International Society for Optical Engineering, 2008, 7081.

[19] 顾行发, 程天海, 李正强. 大气气溶胶偏振遥感[M]. 北京：高等教育出版社, 2015.

[20] 陈立刚. 宽视场航空偏振成像仪的实验室定标研究[D]. 合肥: 中国科学院合肥物质科学研究院, 2008.

[21] 宋茂新, 孙斌, 孙晓兵, 等. 航空多角度偏振辐射计的偏振定标[J]. 光学精密工程, 2012, 20(6): 1153-1158.

[22] 宋茂新. 航空多角度偏振辐射计的光机设计研究[D]. 北京：中国科学院大学, 2012.

[23] 王东, 颜昌翔, 张军强, 等. 光谱偏振调制器的高精度装调方法[J]. 中国光学, 2016, 9(1): 144-154.

[24] 邵卫东, 王培纲, 王桂平. 分光偏振计技术研究[J]. 中国激光, 2003, 30(1): 60-64.

[25] 彭志红, 张淳民, 赵葆常,等. 新型偏振干涉成像光谱仪中 Savart 偏光镜透射率的研究[J]. 物理学报, 2006, 55(12): 6374-6381.

[26] 祝宝辉, 张淳民, 简小华, 等. 时空混合调制型偏振干涉成像光谱仪的全视场偏振信息探测研究[J]. 物理学报, 2012, 61(9): 90701.

[27] Keller C U, Snik F . Polarimetry from the Ground Up[J]. arXiv, 2008.

[28] Keller C U. Astrophysical Spectropolarimetry: Instrumentation for Astrophysical Spectropolarimetry[J]. Astrophysical Spectropolarimetry, 2001.

[29] 邓元龙. 外差干涉椭圆偏振测量的理论与实验研究[D]. 天津：天津大学, 2007.

[30] 李建慧, 郑猛, 张雪冰, 等. Mueller 矩阵成像偏振仪的误差标定和补偿研

究[J]. 激光与光电子学进展, 2016(2): 111-117.

[31] 张雪冰, 李艳秋, 郑猛, 等. 旋转波片法成像斯托克斯偏振仪误差标定和补偿[J]. 中国激光, 2015(7): 237-244.

[32] 谢正茂. 近红外偏振干涉光谱仪关键技术研究[D]. 西安: 中国科学院西安光学精密机械研究所, 2015.

[33] 代虎. 偏振探测与成像系统研究及优化[D]. 长春: 中国科学院长春光学精密机械与物理研究所, 2015.

[34] 杨杰. 大气对偏振遥感图像的影响分析及校正方法研究[D]. 桂林: 桂林电子科技大学, 2016.

[35] 陈友华, 王召巴, 王志斌, 等. 弹光调制型成像光谱偏振仪中的高精度偏振信息探测研究[J]. 物理学报, 2013, 62(6): 60702.

[36] Liou K N. An Introduction to Atmospheric Radiation[M]. New York: Academic Press, 2002.

[37] 廖延彪. 偏振光学[M]. 北京: 科学出版社, 2003.

[38] 新谷隆一. 偏振光[M]. 北京: 原子能出版社, 1994.

[39] 龚建勋, 刘正义, 邱万奇. 偏振片研究进展[J]. 液晶与显示, 2004, 19(4): 259-265.

[40] 顾行发, 田国良, 余涛. 航天光学遥感器辐射定标原理与方法[M]. 北京: 科学出版社, 2013.

[41] Yasumoto M, Mukai S, Sano I, et al. Calibration of the multispectral polarimeter and its measurements of atmospheric aerosols[J]. Proc Spie, 1999, 3754: 383-391.

[42] Compain E, Poirier S, Drevillon B. General and self-consistent method for the calibration of polarization modulators, polarimeters, and mueller-matrix ellipsometers[J]. Applied Optics, 1999, 38(16): 3490-3502.

[43] 程天海, 顾行发, 余涛, 等. 地表双向反射对天基矢量辐射探测的影响分析[J]. 物理学报, 2009, 58(10): 7368-7375.

[44] Miyakawa K, Adachi H, Inoue Y. Rotation of two-dimensional arrays of microparticles trapped by circularly polarized light [J]. Applied Physics Letters, 2004, 84(26): 5440-5442.

[45] Andresen B F. Preflight calibration of the POLDER instrument[J]. Proceedings of SPIE-The International Society for Optical Engineering, 1995, 2553: 218-231.

[46] Chenault D B. Research Scanning Polarimeter: Calibration and ground-based measurements[J]. Proceedings of SPIE-The International Society for Optical Engineering, 1999, 3754: 186-196.

[47] Travis L D. Earth observing scanning ploarimeter EOS reference handbook[Z]. Washington DC: NASA, 1995.

[48] 裘桢炜, 洪津. 偏振遥感仪器镜头相位延迟特性分析[J]. 红外激光工程, 2014, 43(3): 806-811.

[49] 康晴, 袁银麟, 李健军, 等. 通道式偏振遥感仪器偏振定标方法研究[J]. 大气与环境光学学报, 2015, 10(4): 343-349.

[50] 袁银麟. 大口径光谱可调积分球参考光源的研制与应用[D]. 合肥: 中国科学院安徽光学精密机械研究所, 2014.

[51] Barnes R A, Yeh E, Eplee R E, et al. SeaWiFS technical report series volume 39 SeaWiFS calibration topics, part 1[R]. NASA Tech. Memo, 1996, 39: 104566.

[52] Barnes R A, Butler J J. Modeling spectral effects in Earth-observing satellite instruments[J]. Proc. of SPIE, 2007, 6744: 67441K-1-67441K-21.

[53] 赵英时, 等. 遥感应用原理分析与方法[M]. 北京: 科学出版社, 2003.

[54] Butler J J, Brown S W, Saunders R D, et al. Radiometric measurement compaison on the integrating sphere source used to calibrate the moderate resolution

imaging spectroradiometer (MODIS) and the Landsat 7 enhanced thematic mapper plus (ETM+) [J]. Journal of Research of the National Institute of Standards and Technology, 2003, 108(3): 199-227.

[55] 乔延利, 郑小兵, 王先华, 等. 卫星光学传感器全过程辐射定标[J]. 遥感学报, 2006, 10(5): 616-623.

[56] 郑克哲. 光学计量[M]. 北京: 原子能出版社, 2002.

[57] 陈立刚. 宽视场航空偏振成像仪的实验室定标研究[D]. 合肥: 中国科学院合肥物质科学研究院, 2008.

[58] 胡亚东, 洪津, 孙晓兵, 等. 多角度偏振辐射计中的多路微弱光信号同步采集系统设计[J]. 大气与环境光学学报, 2010, 5(3): 220-226.

[59] 胡亚东. 多光谱偏振大气同步校正仪研究[D]. 合肥: 中国科学院安徽光学精密机械研究所, 2014.

[60] 余毅, 王旻, 常松涛, 等. 根据环境温度进行红外成像系统漂移补偿[J]. 光学学报, 2014 (10): 34-39.

[61] 胡亚东, 胡巧云, 孙斌, 等. 暗电流对短波红外偏振测量精度的影响[J]. 红外与激光工程, 2015, 44(8): 2375-2381.

[62] 杨长久, 李双, 裘桢炜, 等. 同时偏振成像探测系统的偏振图像配准研究[J]. 红外与激光工程）, 2013, 42(1): 262-267.

[63] Zhengqiang L I, Blarel L U C, Podvin T, et al. Calibration of the degree of linear polariza -tion measurement of polarized radiometer using solar light [J]. Applied Optics(S1559-128X), 2010, 49(8): 1249-1256.

[64] Persons C M, Chenault D B, Jones M W, et al. Auto-mated registration of polarimetric imagery using Fourier transform techniques[C]. SPIE, 2002, 4819: 107-117.

[65] Smith M H, Woodruff J B, Howe J D. Beam Wander Considerations in Imaging

Polarimetry[J]. Proc. SPIE, 1999(3754): 50-54.

[66] 丁青青, 王赞基. 时间最优控制算法及其在 SVC 控制中的应用[J]. 清华大学学报(自然科学版), 2004, 44(4): 442-445.

[67] 周晓蕾. 一种采用时间最优控制的 PID 恒温控制器[J]. 内蒙古大学学报: 自然科学版, 2002, 33(3): 332-336.

[68] 肖茂森, 李春艳, 吴易明, 等. 利用新型偏振器件实现方位角测量[J]. 红外与激光工程, 2015, 44(2): 611-615.

[69] 李双, 裘桢炜. 同时偏振成像仪检偏方位校正研究[J]. 红外与激光工程, 2014, 43(12): 4100-4104.

[70] 李志伟, 熊伟, 施海亮, 等. 超光谱空间外差干涉仪探测器响应误差校正[J]. 光学学报, 2014(5): 269-277.

[71] 林冠宇, 于向阳. 高精度智能化可见/近红外积分球辐射定标装置[J]. 红外与激光工程, 2014, 43(8): 2520-2525.

[72] 孙玉洋. 近红外光源稳定控制系统及应用研究[D]. 长春: 吉林大学, 2015.

[73] 王羿, 洪津, 骆冬根, 等. 视场重合程度对分时偏振测量精度的影响[J]. 红外与激光工程, 2015, 44(2): 606-610.

[74] 季尔优, 顾国华, 柏连发, 等. 三通道偏振成像系统及系统误差校正方法[J]. 光子学报, 2014, 43(1): 92-97.

[75] 金伟其, 王霞, 张其扬, 等. 多光轴一致性检测技术进展及其分析[J]. 红外与激光工程, 2010, 39(3): 526-531.

[76] 张锦亮, 王章利, 姜峰, 等. 多视场电视观瞄具的光轴调校技术[J]. 应用光学, 2014, 35(3): 381-385.

[77] Nakajima T, Tonna G，Rao R, et al. Use of sky brightness measurements from ground for remote sensing of particulate polydispersions [J]. Applied Optics, 1996, 35(15): 2672-2686.

[78] Torres B, Toledanol C, Berjon A, et al. Measurements on pointing error and field of view of Cimel-318 Sun photometers in the scope of AERONET[J]. Atmospheric Measurement Techniques, 2013, 6(8): 3013-3057.

[79] 禹秉熙, 方伟, 王玉鹏. 卫星宽视场绝对辐射计太阳越过视场时入射光变化与腔温响应函数[J]. 光学精密工程, 2004, 12(4): 353-358.

[80] 李伟, 李正强, 杨本永, 等. 基于激光光源的太阳辐射计视场角测量方法[J]. 大气与环境光学学报, 2015, 10(4): 315-322.

[81] 胡强, 裘桢炜, 崔珊珊, 等. 分孔径探测系统通道间视场一致性度量方法[J]. 应用光学, 2017, 38(3): 5.

[82] 康晴, 袁银麟, 李健军, 等. 大气同步校正仪的滤光片筛选方法与精度验证实验研究[J]. 光学学报, 2017, 37(3): 0312003.

[83] 李国华, 赵明山. 高消光比测试系统的研究[J]. 中国激光, 1990, 17(1): 51-53.

[84] 刘训章, 黎高平, 杨照金, 等. 用单1/4波片法测量晶体消光比的研究[J]. 中国激光, 1999, 26(7): 599-602.

[85] 陈曦, 佟明明, 邢冀川. 光学晶体消光比测试研究[J]. 红外技术, 2006, 28(7): 388-390.

[86] 李红霞, 吴福全, 赵苏生. 消光比温度测试的实验研究[J]. 曲阜师范大学学报(自然科学版), 2004, 30(1): 61-62.

[87] 黄建余, 季家熔. 偏振干涉法用于偏振器消光比的测量[J]. 应用激光, 1996, 16(6): 267-268.

[88] 蔡生景. 棱镜偏光镜消光比的光谱效应[D]. 曲阜: 曲阜师范大学, 2010.

[89] 姚海涛. 高消光比测试系统中光电倍增管的偏振效应[D]. 曲阜: 曲阜师范大学, 2008.

[90] 郝冲, 吴易明, 陆卫国, 等. 偏振棱镜消光比参数精密测量方法[J]. 光子学

报, 2014, 43(12): 159-163.

[91] 王凤, 彭捍东, 孙山山, 等. 干涉因素对偏光棱镜消光比测量的影响[J]. 激光技术, 2017, 41(1): 120-123.

[92] 李小龙, 李磊磊, 何川, 等. 非线性拟合消光比测量方法[J]. 激光与光电子学进展, 2016(2): 195-199.

[93] 周文平. 晶体材料折射率的测量方法研究[D]. 曲阜: 曲阜师范大学, 2007.

[94] 李春艳, 吴易明, 高立民, 等. 采用双调制方式测量消光比参数[J]. 光学精密工程, 2014, 22(3): 582-587.

[95] 蔺淑珍. 光学元件高反射比高透射比测试技术研究[D]. 南京: 南京理工大学, 2014.

[96] 李国华, 赵明山. 高消光比测试系统的研究[J]. 中国激光, 1990, 17(1): 51-53.

[97] Goldstein D.Polarized light: Revised and expanded [M]. New York: Marcel Dekker, Inc., 2003.

[98] 杨伟锋, 洪津, 乔延利, 等. 星载多角度偏振成像仪光学系统设计[J]. 光学学报, 2015, 35(8): 0822005.

[99] 康晴, 李健军, 陈立刚, 等. 大动态范围可调线性偏振度参考光源检测与不确定度分析[J]. 光学学报, 2015, 35(4): 0412003.

反侵权盗版声明

　　电子工业出版社依法对本作品享有专有出版权。任何未经权利人书面许可，复制、销售或通过信息网络传播本作品的行为；歪曲、篡改、剽窃本作品的行为，均违反《中华人民共和国著作权法》，其行为人应承担相应的民事责任和行政责任，构成犯罪的，将被依法追究刑事责任。

　　为了维护市场秩序，保护权利人的合法权益，我社将依法查处和打击侵权盗版的单位和个人。欢迎社会各界人士积极举报侵权盗版行为，本社将奖励举报有功人员，并保证举报人的信息不被泄露。

举报电话：（010）88254396；（010）88258888

传　　真：（010）88254397

E-mail：dbqq@phei.com.cn

通信地址：北京市万寿路 173 信箱

　　　　　电子工业出版社总编办公室

邮　　编：100036